稳稳的幸福（下）

家庭幸福、19~25岁孩子成才

同步解决方案

源 乙◎著

清华大学出版社

北 京

内 容 简 介

本书为"稳稳的幸福"系列书的下册，适用于孩子19～25岁阶段的家庭管理和孩子教育，也是大学生全面、系统管理自我的方法体系。主要内容包括个人财务记账核算，制定个人财务、学习、发展、生活、精神文化等综合目标，通过对这些目标进行管理、定期考核，使孩子在成长过程中得到全面发展。同时在财务记账，目标制定、执行、考核等过程中，实践企业财务管理和企业系统管理的方法理念，为孩子毕业后很好地融入社会和工作团队、管理家庭组织做好充分的准备。

图书在版编目(CIP)数据

稳稳的幸福(下)：家庭幸福、19～25岁孩子成才同步解决方案 / 源乙 著. —北京：清华大学出版社，2017

ISBN 978-7-302-47527-9

Ⅰ. ①稳… Ⅱ. ①源… Ⅲ. ①家庭管理—财务管理—通俗读物 Ⅳ. ①TS976.15-49

中国版本图书馆 CIP 数据核字(2017)第 140433 号

责任编辑：高晓晴
封面设计：马筱琨
版式设计：思创景点
责任校对：牛艳敏
责任印制：王静怡

出版发行：清华大学出版社
　　　　网　　　址：http://www.tup.com.cn，http://www.wqbook.com
　　　　地　　　址：北京清华大学学研大厦 A 座　　　邮　　编：100084
　　　　社 总 机：010-62770175　　　　　　　　　邮　　购：010-62786544
　　　　投稿与读者服务：010-62776969，c-service@tup.tsinghua.edu.cn
　　　　质 量 反 馈：010-62772015，zhiliang@tup.tsinghua.edu.cn
印 装 者：三河市金元印装有限公司
经　　销：全国新华书店
开　　本：170mm×240mm　　　印　　张：12.5　　　字　　数：238 千字
版　　次：2017 年 7 月第 1 版　　　印　　次：2017 年 7 月第 1 次印刷
定　　价：38.00 元

产品编号：067325-01

前　言

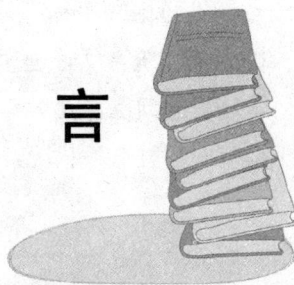

我希望本书能够给读者一个完美的大学时代和稳稳的幸福人生！

每个人都希望自己的孩子成长为一个高素质的综合性人才；而大学生自己也渴望在大学时代获得全面综合的发展；国家更是迫切需要把大学生培养成社会需要的高素质人才！

幸福和成长的美好愿望需要有具体的方法去实现，本书提供了简单而系统的科学管理方法，希望帮助大家实现美好的愿望，成就幸福的人生。

2017 年 2 月 16 日，国家公布了《普通高等学校学生管理规定》，要求加强大学生自我管理。但该规定只提出了对大学生自我管理的要求，并没有统一、系统、科学的管理方法。本书专门针对大学生的自我管理，提供了一套科学、统一的综合管理体系方法，形成关于个人系统管理的科学专业教材，可以作为大学生新生入学后学习的课程，以便实现对个人在大学时代的综合管理。大学生自我综合管理的过程和方法，既是综合管理企业的过程和方法，也是大学生创业实践的开始。通过大学(包括研究生)时代对个人目标的综合管理和创业实践，大学生毕业时便已具备了高水平、综合性人才的素质。

本书属于"稳稳的幸福"系列书的下册，是大学生自我管理的工具书，学生利用这套科学的工具，自觉制定财务目标、学习目标、发展目标、生活目标、精神文化等综合目标，并且管理自己实现这些综合目标，赢得大学时代的全面综合发展；同时通过不断地进行个人综合目标的制定、执行、考核、奖惩等管理过程，让每个大学生都能实践企业财务管理和企业系统管理的方法理念，完成大学时代的创业实践项目，为毕业后很好地融入企业、工作团队，以及管理家庭组织做好充分的准备。

　　"稳稳的幸福"系列书籍是关于家庭管理和孩子教育的科学专业教材，本教材规范、统一了管理家庭和教育孩子的方法体系，能够从根本上解决家庭矛盾和孩子培育的问题，让大家能够拥有一个和谐、幸福的家庭，一个高素质的孩子，一个稳定的家庭财务状况，一个健康的生活氛围，使自己拥有一个稳稳的幸福人生！

作　者

2017.3

目　录

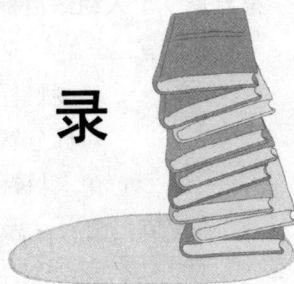

第一章 建立大学生规范化 管理方法体系

为了更好地理解大学生规范化管理方法体系，我们首先讲述个人规范化管理体系的方法。

第一节 建立个人规范化管理体系

目前，世界上对于个人的自我管理没有统一的规范方法，更没有形成自我管理的学科教材。一个人从出生到参加工作，其间的成长管理基本上都是来自父母等外部力量的管理约束，甚至生长在溺爱、迁就、纵容的环境里，连基本的管理约束也是缺失的。对孩子成长最有效的管理，应该来自孩子本身对自己的管理和约束，通过自律和父母的鼓励与协助，才能真正获得良好的综合素质、综合能力，以及强大的心理能量和精神世界。

"鸡蛋从外面打破是溃败，从里面打破是成长"，孩子在自律和自我管理的环境下长大，那才是真正的成长！所以我们迫切需要制定一套科学、规范的个人自我管理方法体系。

一、个人组织的概念和管理现状

(一) 组织的分类

世界上的组织，按照性质和职能不同可以分为三类：社会组织、家庭组织、个人组织。为了更好地理解家庭组织和个人组织的特征，以及这些组织的规范管理体系方法，我们要先从了解社会组织的基本属性开始。

1. 社会组织

1) 社会组织的概念

社会组织是为了执行一定的社会职能，完成特定的社会目标，具有明确的组织章程和行为制度，由两个或两个以上的人组成的人员集体。具体包括企业单位、行政事业单位、社会团体。

2) 社会组织的主要特征

(1) 特定的组织目标

社会组织成立的目标是明确的、具体的，这个目标代表组织的主要性质和功能，组织成员行为、管理、考核等一系列组织行为，都是围绕特定的组织目标进行的。社会组织的一般目标是为社会提供某种服务，获取组织利润或者社会公益。社会组织承担着主要的社会功能和服务。

(2) 制度化的组织结构

每个组织成员有明确的权利、职责义务，明确的公司章程，按照国家的要求，有明确的规范管理方法和体制，必须执行国家有关法律法规的规定。例如：必须实施财务管理、目标管理、制度管理、目标薪酬考核管理等。

(3) 普遍化的行动规范

对于业务行为，社会组织都制定规范统一的目标标准、业务流程、行为要求，并且要求所有组织成员共同遵守，共同行动。例如业务收费标准、业务支出标准、财务处理规定、财务对账要求、财务报销要求、目标考核与薪酬标准等。

(4) 按一定标准，经过一定手续组成的成员

按照一定的条件要求，经过一定的入职手续，社会组织与组织成员签订劳动协议，且协议双方彼此为对方负责，承担法律责任义务。

2. 家庭组织

1) 家庭组织概念

由家庭成员组成的每一个家庭，都是家庭组织。

2) 家庭组织的主要特性

(1) 特殊的组织目标

人生幸福是家庭组织唯一的目标。在家庭组织中，夫妻和孩子都幸福美满就是最成功的家庭。

家庭组织承载着人类幸福的伟大职能。在社会组织中事业的成功虽然也是一种快慰，但是这种成功的根本动力和最终目的还是家庭的幸福，包括自己的生活幸福。

(2) 没有制度化的组织管理

每个组织成员的权力、职责义务界限模糊，没有家庭公约、书面规范文件，没有管理方法和体制，言行结果没有考核管理。目前很多家庭的管理方式主要靠自觉自律，家庭财务上没有记账，没有计划；家庭没有目标管理，没有对家庭行为考核的约束机制；家政上没有定期的家庭会议民主管理；没有家庭风险和婚姻风险防范管理；父母对孩子过分的疼爱，侵犯和剥夺了孩子应有的劳动权、思想权、选择权、自主行为权、实践权、平等和受尊重等权利。这样限制了孩子能力的发展，削弱了孩子的心智，骄纵了孩子坏的心性和行为，结果不但使家庭教育不到位，而且起了反作用。

家庭组织如果没有规范、有效的管理，就会导致家庭矛盾增多，孩子家教缺失，所以当家庭发生矛盾、孩子教育失误时，大家往往束手无策。

(3) 没有约定的行动准则

家庭组织没有约定的行为准则。例如如何培育孩子，如何孝敬长辈，如何照顾彼此的生活，如何分担家务，如何约束家庭财务，如何约束个人脾气和行为，如何彼此支持工作，如何处理双方意见等。平日没有管理，出现问题和矛盾时，靠吵架、唠叨、抱怨、指责等方式排解。

(4) 组织成员关联性最强

男女双方经过一定时间的考察，确定组织家庭，孩子是家庭组织的"产品"，是家庭成员之一。夫妻作为家庭组织的管理者，其素质和行为关系到家族三代人的幸福，夫妻的合作计划是一生、全面的合作；对个人来说，婚姻合作是一生中最重要的一次合作，婚姻组织是最重要的组织。

(5) 家庭组织成员之间的亲情

因为家庭组织成员比社会组织成员之间多了亲情的成分，这个特征让家庭成员彼此依靠、安全感增强，但是正是这种亲情特性，处理不好就会成为家庭组织管理的最大障碍，它让家庭成员之间模糊了权利、义务、是非界限，失去了规则和纪律约束，成为家庭矛盾和孩子家教问题的根本原因。

3. 个人组织

1) 个人组织的概念

每个人都可以看作是一个个体组织，即个人组织。

建立个人组织的概念是为了便于建立个人科学管理规范，让每个人都能在一定程度上实现人生的幸福目标。

2) 个人组织的主要特性

(1) 个人组织的目标随着年龄不同有所变化

一个人来到世界上，最大的目标就是自己的生活能够幸福，给亲人及他人带来快乐和帮助，事业上取得一定的成绩。

由于人从小到大再到老，要经过不同的年龄阶段，能力、思想、追求随着年龄的不同会有所变化，不同年龄阶段承担的对他人的责任不同，所以个人幸福的目标内容也不尽相同。

(2) 个人组织没有建立规范化的管理和行为准则

对于个人的成长和管理，基本上小的时候受制于父母；上学时接受学校的安排；工作了遵从单位的管理和要求；结婚了还要顾忌家人的意见而适当自律。这几个阶段的个人成长历程都是在不同的管理者的要求下被动地接受，基本上没有主动地对自己进行有计划、有目标的系统管理。当然社会上也缺乏个人管理的理念和系统方法的书籍，让大家不知道怎样管理自己。

个人应该根据不同的年龄阶段，明确自己的权利、职责义务；制定自己的行为准则、道德底线、发展目标、财务目标、生活目标；要记录自己的财务，并计划以后各方面的发展；每个月都应考核、总结一下自己本月的情况，并且根据本月考核情况奖惩自己。目前没有规范的个人组织管理体系方法，而本书介绍的系统方法有助于从根本上解决个人管理问题。

(3) 个人组织虽然是一个人，但它是构成社会组织和家庭组织的细胞

社会组织、家庭组织的优劣，决定于个人的素质、能力、修养和追求，所以只要管理到位，不但个人可以实现人生目标，而且也能够促使社会组织和家庭组织实现组织目标。因此实施对个人的规范管理十分重要。

(二) 个人组织、家庭组织、社会组织之间的共性

多数人同时生活在个人组织、家庭组织、社会组织这三类组织中，这三类组织也是人类全部的生活状态。

1. 三类组织管理的目标相同

1) 企业等社会组织管理的目标内容

企业等社会组织管理的目标内容主要包括：

(1) 社会组织财务目标

组织财务目标，包括实现收入、支出、费用、利润等经济指标，目的是提高收入和利润，降低成本和费用，获得更多的资产和资金。

(2) 社会组织发展目标

实现组织发展目标，促使企业组织不断提升核心竞争力和抗风险能力，或者具有更强大的社会服务能力。

(3) 社会组织内部管理目标

为了更好地实现财务目标和发展目标，要不断地加强内部管理工作，制定与公司发展相适应的业务行为规范、制度规定、内控管理流程、薪酬与目标考核标准等，以实现对组织成员的规范管理。

(4) 社会组织文化建设目标

企业等组织文化是一个组织的灵魂，是最大的生产力。所以要通过制度建设，加强组织成员行为规范建设，通过不断的学习和考核，促进组织成员文化、技能的不断提升等。

2) 家庭组织管理的目标内容

家庭组织管理的目标内容主要包括：

(1) 家庭组织财务目标

家庭财务目标，包括实现收入、支出、结余等经济指标，目的是提高收入和结余，提高生活质量和舒适感，为发展目标的实现提供更多经济支持。

(2) 家庭组织发展目标

家庭组织发展目标包括男主人发展目标、女主人发展目标、孩子发展目标、其他家庭成员发展目标。实现家庭发展目标，促使家庭每个成员不断提升和发展，提高家庭在社会中核心的竞争力和抗风险能力。

(3) 家庭组织管理目标

为了更好地实现家庭财务目标、发展目标，明确家庭成员在家庭里的权利和义务，规范家人的言行规则，商定家庭主要事务的处理原则，为此家庭会议要制定家庭公约、家庭目标、考核办法，以及惩戒条例等管理制度。

(4) 家庭组织文化建设目标

家庭组织文化就是家庭生活的最好氛围。首先要建立平等、尊重、公平、沟通、合作、理解的家庭文化，在这种文化背景前提下，才能实施良好的家庭组织管理。

家庭成员都要不断学习，以提升每个人的思想文化、技能技艺的修养，丰富精神生活。

3) 个人组织管理的目标内容

个人组织管理的目标内容主要包括：

(1) 个人组织财务目标

个人生活和发展都离不开财、物，所以个人也需要管理自己的收入、支出和资金结余等经济指标，需要平衡个人财务，在保证生活质量的前提下，为发展目标的实现积攒更多的资金支持。

(2) 个人组织发展目标

发展目标是一个人的追求和向往，一个没有目标的人生活会失去意义，心灵会枯萎，灵魂没有栖息地。个人组织发展目标伴随每个人的一生，不同的年龄和生活阶段，具有不同的发展目标。个人发展目标很多，例如学习目标、提高素质能力的目标、职位目标、薪资目标、形象目标、精神目标等。

(3) 个人组织管理目标

个人对自己要设立一定的规矩和行为准则，且努力遵守和执行。不同的发展阶段管理自己的要求不同，例如在求学阶段，制定并执行作息时间规则、学习计划安排、学习方法要求；心态方面，要求稳健而坚韧；人际关系方面，应尊敬师长、团结同学；纪律方面，遵纪守法，遵守校规；生活方面，作息规律，不吃垃圾食品等。在工作阶段，对自己的管理要求和上学阶段不完全相同。总之每个阶段都要明确个人自己及其在家庭组织、社会组织里的权利和义务，制定规范个人言行的准则，以及主要事务的处理原则，定期召开个人会议总结、考核自己等。

(4) 个人组织文化建设目标

个人要终生坚持对文化、技艺等方面的追求，加强精神文明的建设和修养，增加自己的内涵和文化底蕴，树立精神追求的目标。

综上所述，个人组织、家庭组织、社会组织三类组织的管理目标是相同的，所以管理企业等社会组织方法理念同样适用于个人组织和家庭组织的管理。

2. 三类组织管理的理念和方法相同

个人组织、家庭组织、社会组织的管理方法和手段大致相同：首先需要进行财务记账，提供财务管理数据；其次，根据历史财务数据编制财务预算；再次，依据财务预算数据等资料制定财务目标、组织发展目标、管理目标等；制定组织管理文化和制度；制定对目标考核的奖励规定；通过组织会议管理和考核目标的执行情况，并依据考核结果进行奖惩；最后，整个管理过程需要记录并形成资料存档。

(三) 个人组织、家庭组织、社会组织之间的差别

个人组织管理和被管理的主体都是自己，似乎全部由自己说了算，避免了别人的反对和抵制，但由于没有别人的参与和监督，反而更加具有考验性。需要自觉克服懒惰和放纵，持之以恒地认真按规定做事。当然在管理自己的时候，还要服从和支持家庭组织和社会组织的管理。

家庭组织管理和被管理的主体是亲人，如果以家庭和睦和孩子教育成才为共同的目标，合作、沟通、支持性更强。当然也因为亲人之间，容易讲亲情，不讲原则，从而削弱了管理的效果。

社会组织的管理是按层级进行管理，逐层负责，参与人数众多，思想观念也复杂，老板无法对每个人的工作过程、行为、结果进行监督，而且业务工作环节流程很长，业务数量庞大，所以社会组织管理更加复杂。

(四) 三种组织管理相辅相成

个人是家庭组织和社会组织构成的基本细胞，家庭组织是社会组织的间接支持者和后勤保障，社会组织是家庭组织和个人组织所需要的资源载体和供应源。

由于个人要在家庭组织和社会组织中担任一定的角色，所以要承担这些角色应有的义务，服从这些组织的管理要求，符合所担任的角色的规范要求，成就这些组织目标的实现。在社会组织和家庭组织目标实现后，个人的发展目标和家庭幸福目标才能够得以实现。个人组织管理与家庭组织及社会组织管理相辅相成。

二、个人组织规范管理方法体系概论

本书根据社会组织的规范管理方法，制定了家庭组织和个人组织规范管理的方法。家庭组织的系统管理方法已经在本丛书的上册和中册中进行了讲述，本书将重点讲述个人组织系统管理的方法和理念。

个人组织规范管理的主要方法如下：

1. 确立正确的人生观和价值观

首先把自己确立为要做一个有道德、有理想、有追求、有贡献、会生活的人，这是个人终生的信条和目标。

其次要牢记一个成功的法则：幸福和成功是通过不断改变自己、充实自己，使自己变得更好而吸引来的。这句话为我们指明了幸福和成功的方法和道路，并要求每个人坚持按照这条幸福、成功之路向前迈进。

2. 制定个人行为准则和纪律要求

对于个人行为准则和纪律要求的内容，因人而异，可以根据个人对自己的管理要求，制定任何内容。对于个人行为准则包括但不限于下列几条内容，每个人还可以根据自己的想法和目的，对下列几条内容制定更细致、具体的要求。

(1) 行为底线要求

不做违法的事情，例如不吸毒、不赌博、不酗酒、不偷窃等。

(2) 道德底线要求

做一个文明、道德的人，宽厚、助人、勤勉，经营好个人信用。

(3) 学习进步要求

做一个不断进步的人，如每月读一本书，每年有自己的目标，并为目标努力行动；学习一门文化技艺，作为个人的业余爱好。

(4) 工作态度要求

对于所承担的工作，认真勤勉，认真学习研究与工作有关的业务书籍，将工作经验、业务问题和书本理论方法相结合，书写成个人业务笔记，以提升个人综合业务素质和能力。善于向别人学习，努力把工作做到最好。

(5) 对待父母的要求

对待父母，要理解父母的想法，尊重父母的意愿，尽量多陪陪父母，无论什么情况都不要和父母吵架，有事可以耐心地沟通。给予父母更多的关心和爱护。

(6) 对待配偶的要求

配偶是自己一生的伴侣，应相互疼惜，相互包容、理解，经常给予对方鼓励，争取共同成长和进步。

(7) 对待孩子的要求

绝不溺爱孩子，不过分迁就和娇惯孩子；培养孩子独立思考的能力，不以经验和权威压制，不代替孩子做事，让孩子自己想办法解决问题，并且为自己的行为承担责任；培养孩子拥有吃苦、担当、坚毅、奉献的精神。

(8) 对待家庭的要求

家庭是幸福的保障。对待家庭要负责任，保持家庭和谐、沟通、稳定，为孩子成长和个人的幸福生活维持一个温馨的家庭氛围。

(9) 对待个人健康要求

健康是一种长期的积累。每周至少锻炼两次；没有特殊情况按时作息；每顿饭七成饱；饮食不过分油腻，多吃清淡的食物；心态尽量保持平和，避免生气；有目标、有追求更容易保持积极、乐观的精神状态。

(10) 对脾气和习惯的要求

如果自己的脾气和生活习惯不好，甚至影响到身边的人，那么应尽快改善和修正，如果一时难以做到，也应尽量控制，多和家人沟通，达成谅解。

3. 对个人财务进行记账管理

组织管理工作的基础和核心是财务管理，所以应首先进行个人收支等财务业务的会计记账，为制定财务目标提供数据支持。

4. 编制个人财务预算

在会计记账数据的基础上，根据计划年度的情况编制财务预算，制定财务计划。

5. 制定个人组织目标

制定个人财务目标、个人发展目标、个人行为准则等目标，让个人管理有目标、有依据、有方向、有动力。

6. 制定个人系列目标管理办法和考核奖惩制度

为了便于目标执行和考核管理，将已经制定好的个人年度财务目标、发展目标、行为准则目标进行分解，分解为月目标、周目标、日目标。每日按照目标要求执行，月末对目标执行情况进行检查。

在制定个人目标并对目标进行分解后，也要制定目标考核奖惩规定，月末对目标执行情况进行考核，根据结果对自己进行奖励或处罚，完成一个组织管理的过程。

7. 每月按时召开会议，总结本月工作

个人组织会议是一种有效的管理工具，每月末，定期检查、总结本月工作、学习、生活、言行等的具体情况，以及目标完成结果，总结经验，吸取教训，奖励成绩，处罚不足，制定措施促进个人不断发展进步。

8. 设立个人管理到位保障措施

每个人都有惰性，这可能会阻碍个人管理的实施。为了保障个人管理的顺利进行，需要制定下列保障措施：

(1) 遵守实事求是的原则

进行个人组织管理的目的，一是个人更好地成长发展，二是学习和锻炼适应社会组织的各项技能，提高个人综合素质和能力。为了实现这些美好的目标，在整个管理过程中，一定要恪守实事求是的原则。

（2）认真记录"会议纪要"

每个月末召开个人组织会议时，一定要把本月的情况全面、实事求是地记录下来，形成规范的"会议纪要"。"会议纪要"应便于查阅，促进日常的个人管理。

（3）"会议纪要"永久存档

"会议纪要"记录了个人每个月的言行、成长、经验教训等详细情况，是最真实、全面的个人历史资料，需要连续编号，并永久存档，留给家人、朋友甚至后代子孙品鉴。这样也能更好地督促个人认真管理好自己的言行。

（4）聘任监督员

聘任亲人或信任的人作为监督员，并定期将"会议纪要"提交给监督员，接受检查。

第二节　大学生规范化管理体系方法

一、建立大学生个人规范化管理体系的迫切性

（一）孩子规范化管理教育成长历程

如今的孩子普遍在溺爱的生活环境中成长，一般从小到大除了学习和考试之外不需要承担其他责任和义务。这种单一的教育和成长经历，势必会培养出高分低能、"玻璃心"的孩子。

到了大学阶段，继续延续学习课本专业知识的单一教育模式，而且大学院校对专业学习要求很低，严进宽出，这使大学生对专业的掌握不全面、不到位。

大学毕业走上社会后，孩子才真正开始历练自己的工作和管理能力，这使得很多人遭受挫折和损失，有些人甚至要经受多年的磨练才真正成为可用之才。这种磨练是对教育方式和成长历程的集中补课，然而这么长的时间是人生最大的损失浪费，那么怎样才能避免这种情况的发生呢？

1. 从学会走路开始就"参加工作"

家务是家庭组织的公共事务，与企业组织中办公室的部分工作相同。家务包括三部分：自己的生活家务、其他家人的生活家务、家庭生活公共事务。

孩子从学会走路开始，尽量让他做力所能及的家务。随着年龄的增长，做家务的能力越来越强，除了能够料理自己的生活事务外，也可以照顾其他家人，还可以

承担一部分家庭生活公共事务。

进行家庭管理，需要对财务进行记账，让孩子从小学着记录家庭账务；参加家庭会议，发表意见，参加辩论；执行各自的发展目标要求，学会制定自己的目标，并管理自己去实现目标。

2. 从 12 岁开始，在父母的协助下，做家庭财务总监和总经理

从 12 岁开始，除承担家务工作以外，还要承担家庭其他义务。例如在父母的协助和支持下，独立记录家庭账务，主持家庭会议。和父母一起在家庭会议上编制家庭财务预算，制定家庭财务目标、发展目标、家庭公约目标，考核管理家庭目标和自身目标的实现，并进行奖惩。上述所有家庭管理工作，就是在父母的协助下扮演家庭财务总监和总经理的角色。

3. 从 18 岁上大学开始，做个人财务总监和总经理

18 岁后，孩子一般考上大学离开了父母，开始了独立生活阶段。上大学后，为了让自己在大学时代成长为具有综合能力和素质的人才，必须对自己进行管理。把自己作为个人组织，与在家庭里协助父母管理家庭一样，对自己进行财务记账、编制个人财务预算，制定个人目标体系，召开个人会议，考核管理目标实现情况，并对自己进行奖惩。

4. 大学毕业成为具备综合素质的人才

通过一系列的管理，不断地实现目标，个人的专业水平、财务管理能力、综合管理能力、心理素质等都得到提升，工作需要的能力、素质、经验已经具备了，这样到了工作岗位上很快就会有所体现，更容易做出成绩、突显个人能力、事业成功的时间也会大大缩短。

(二) 让高等院校真正成为培养综合素质和能力的人才基地

1. 综合性人才的标准和条件

大学毕业时，仅凭一张文凭是无法证明自身的能力和才华的。很多学生毕业时既没有把专业理论学好，也没有多少专业实践经验，更没有在社会上工作的经历，到了工作单位，需要从头学起，这是多数大学生毕业时面临的尴尬状态。所以多数大学生在毕业时与人才的要求还存在一定的差距。

那么具备什么样的素质才能称得上是人才呢？

既具备过硬的专业理论基础，又具有财务管理和企业管理的素质和能力，此外还具备强大的精神心理能量，这样的毕业生才会被视为人才。

2. 高等院校如何成为人才培养基地

高等院校需要改变对学生的管理模式，帮助大学生在毕业时具备综合性人才的素质和能力。利用个人组织规范化管理体系方法，全面实施对大学生个人组织的管理。实施管理的步骤和措施如下：

(1) 改变专业课教学模式

改变教学程序，由老师讲、学生听、课后自习的顺序，改革为学生自习、共同讨论、老师讲、学生查阅研究的顺序。具体如下：

第一步，学生反复阅读课本，基本掌握相关知识，将不会的问题总结后，在课堂上解决。增强自学和独立思考能力；

第二步，在老师的带领下，学生在课堂上对问题展开讨论，鼓励学生发言和辩论。增强学生的演讲和思辨能力，提升自信心。

第三步，在学生自学、共同辩论的基础上，老师再对课程进行详细讲解，这样学生对课程的掌握会更加透彻。

第四步，课后布置查阅资料的作业，目的是为了解决某一专业问题，扩充书本之外的专业知识，书写阅读报告。查阅资料增强学生研究、阅读和解决问题的能力。

(2) 实施对学生的全面教育管理体制

学校除了管理学生的专业学习和出勤外，对学生的其他各个方面也要进行管理，施行全面管理体制。当然这种全面管理不是约束和限制，而是让学生自愿进行自我管理、自我成长，全面增长个人能力和素质。那么大学生如何进行自我管理呢？

第一，进行教学程序的改革，让大学生对专业学精学透，并具有一定的研究问题的能力，扩充知识掌握范围，提升学生的思考、思辨、演讲能力。

第二，大学生要学习个人组织规范化管理体系方法，学校督促执行和落实，学生自觉管理自己的学习、生活、精神目标，管理自己的财务，历练个人独立管理组织的能力和素质，这也是一门有用的创业课程。

第三，大学毕业前，学校应统一布置学习组织管理的规范方法，为大学生踏入社会后管理工作团队，甚至管理家庭、教育孩子从专业上做好充分的准备。

二、制定大学时代的个人管理目标

大学时代，在学校实施对学生全面管理的体制下，学生要执行个人组织规范化管理方法，制定个人在大学时期的个人管理目标体系。具体如下：

（一）学习目标

大学生个人对自己所学专业课程的目标要求。这个目标包括专业考试成绩目标、专业知识面和研究目标。学习目标是大学生的基本目标，分为专业考试成绩和专业知识研究两个目标，要求学生不但要学好课本知识，还要注意扩充专业知识面，培养研究能力。

（二）发展目标

大学生除了学习学校规定的课程外，还需要在业余时间，不断学习和发展提升自己的素质和能力，包括发展个人爱好、弥补个人缺陷、加强人脉建设、加强社会实践等。例如学习唱歌陶冶情操，学习演讲改善口才，争取做学生会干部培养领导能力。发展目标对大学生很重要。

（三）财务目标

财务目标，大学生根据所记录的个人账务数据，制定收支、结余资金数据目标，包括收入目标、支出目标、结余资金目标。经济是实现生活目标、发展目标、精神目标的保障，所以大学生要在有限收入的基础上，计划管理好个人的财务收支，既要避免财务混乱，也应满足各方面的需求。

（四）生活目标

生活目标，就是大学生对个人生活的规划和要求。包括作息、饮食、衣饰、健康、卫生、恋爱等方面的规划。大学生应对自己生活的主要方面制定一些原则，避免生活没有规律。

（五）其他目标

除了上述目标外，大学生还可以根据自己的想法和追求制定其他的目标。

下面几章内容将详细讲述大学生规范化管理的方法。以大学生田犁的案例，展示大学生规范管理的全过程。读者可以参照田犁同学的管理步骤，实施对个人的规范化管理。

第二章 个人会计核算体系的建立

本章讲述个人会计记账的方法，本方法参照企业会计准则的内容，考虑个人财务的内容特点，创建了这套个人组织完整的会计核算方法。这种方法为个人走上科学、规范的管理轨道奠定了基础。

一、个人财务会计基本概念

要学习个人会计的记账方法，首先要了解一些基本概念和规定，主要包括：

(一) 个人的资产

通俗地说，凡是个人拥有的值钱的东西都是个人的资产，包括现金、银行存款、租住的房子、电脑、自行车等重要生活用具，借给别人的钱(应收款项)、股票，著作权等无形资产，这些有价值的东西都是个人的资产。

(二) 个人的负债

一个人直接向外借的钱，或者接受外界的货物和服务而欠下的货款，以及所欠下的赔偿款等，都会形成个人的负债，通俗地说就是一切对外的欠款，是个人应付欠付的款项。

(三) 个人的净资产

个人所拥有的资产价值总额抵减个人所负债务的总金额，其差额就是个人的净资产。净资产数额越大，个人的财务状况越好；如果净资产是负数，那么个人处于资不抵债的状况，经济就会陷入危机。

（四）个人的收入

个人的收入范围很广，具体包含"现金收入"和"实物收入"。"现金收入"和"实物收入"两个总分类中，又分别进行了更细的分类，叫作明细分类。

"现金收入"按取得对象的不同，明细分类为父母给的现金收入、奖金现金收入、其他人给的现金收入、劳动所得现金收入，以及除上述收入外以其他形式得到的现金收入。

"实物收入"按取得对象的不同，明细分类为父母给的实物收入、奖金实物收入、其他人给的实物收入、劳动所得实物收入，以及除上述收入外以其他形式得到的实物收入。

（五）个人的支出

为了生活和学习，就会有相应的资金支出，支出分为"现金支出"和"实物支出"。个人的资金支出是非常频繁的，项目也很多，"现金支出"和"实物支出"两个总分类科目下又分别进行了更细的分类，即明细分类。

"现金支出"按支出的用途不同分为生活现金支出、学习现金支出、发展现金支出、娱乐现金支出、交往现金支出、医疗现金支出、其他现金支出。

生活中除了支出现金，还经常会发生将实物送出，或者因生活长期使用价值较高的实物资产而造成磨损和折旧，例如电脑可以长期使用，但是会因使用造成对电脑的磨损，使电脑越来越旧，价值越来越低。这些都是生活中的实物使用消耗，应该视为"实物支出"。当然将自己的实物赠送给别人，也属于"实物支出"。

"实物支出"按支出的用途不同，分为生活实物支出、学习实物支出、发展实物支出、娱乐实物支出、交往实物支出、医疗实物支出、其他实物支出等明细科目。

（六）个人的收支结余

每月的全部"现金收入"加"实物收入"减去全部的"现金支出"加"实物支出"，其差额就是收支结余，收支结余净额越大证明个人资金保障越好；如果净额为负数，则说明收不抵支，需要调整支出计划，减少不必要的支出，以维持财务收支平衡。

二、学习个人财务记账的方法

明白了上述个人记账的基本概念后，下面具体讲述如何进行个人财务记账。

(一) 首先取得业务发生时的原始凭证

日常发生资金收支行为时，尽量索要和保留收入和支出的原始凭证，也就是我们平时所说的发票、收款收据等证明收入或支出资金的书面证明，例如到超市买东西，超市收钱后会给一张机打的小票；到银行存钱或取钱，银行会提供银行回单；到水果摊买水果，因为没有发票，可以自己编写一个支出证明条；买电脑会有购买发票；买衣服会有购物发货单等。这些都是证明收支业务发生情况的凭证，我们称其为原始凭证。如果有的收支等财务业务发生后没有原始凭证，例如到自由市场上买菜，父母给的现金等业务，可以自己编制一张原始凭证，或写个便条，说明业务发生的日期、内容、价格、金额、经手人等内容。

原始凭证的作用就是完整地记载财务业务发生的情况，包括发生时间、发生内容、单价、总金额、经手人、责任人等。

(二) 根据原始凭证上记载的内容分类进行记录

对于发生的资金收支等财务业务，根据原始凭证记载的支出内容进行分类，并且按类进行记录。例如收到一笔现金 1 000 元，是父母给自己的零花钱，那么就记录在"现金收入"总分类之下的"父母现金收入"明细分类中；购买水果、食物支出 63 元，就记录在总分类"现金支出"之下的"生活现金支出"明细分类中；到医院看病的支出，要记录到总分类"现金支出"之下的"医疗现金支出"明细分类中。

为什么要进行分类记录呢？因为生活中收支项目很多，每种收支项目的作用和要求是不同的，例如生活现金支出和娱乐现金支出、父母现金收入和奖励现金收入的管理要求差别很大，为了分别计划管理资金的收支，增强资金使用效果，必须要分类记录。

为了便于个人账务的记录，我们把个人所有的财务业务进行了统一的分类，大家在记账时，直接拿来使用就可以了。下面我们就开始分类(分类的名称叫作"科目"，总分类称为总分类科目，明细分类称为明细分类科目)。

1. 对生活中收入内容的分类

将生活中的收入分为"现金收入"和"实物收入"两个总分类科目。

(1) "现金收入"总分类科目，可以根据不同内容分得更明细一些，包括如下

几种明细分类。

- "父母现金收入"：记录父母给的所有的现金数额。
- "奖励现金收入"：记录自己获得的奖金收入。
- "他人现金收入"：记录除父母外其他人给予的现金数额。
- "劳动所得现金收入"：记录偶然劳动所得现金报酬。
- "其他现金收入"：记录除上述现金收入外其他形式的现金收入，例如赔偿现金收入、滞纳金现金收入等。

(2) "实物收入"总分类科目，可以根据不同内容分得更明细一些，包括如下几种明细分类。

- "父母实物收入"：记录父母给的实物收入。
- "奖励实物收入"：记录自己所得到物质奖励数额。
- "他人实物收入"：记录除父母外其他人给予的实物价值数额。
- "劳动所得实物收入"：记录偶然劳动所得实物报酬。
- "其他实物收入"：除上述实物收入外其他形式的实物收入，例如赔偿实物收入等。

需要注意，实物没有价值的可以按估计价值记录入账。

2. 对生活中支出内容的分类

将生活中的支出分为"现金支出"和"实物支出"两个总分类科目。

(1) "现金支出"总分类科目，可以根据不同内容分得更明细一些，包括如下几种明细分类。

- "生活现金支出"：生活方面的支出，包括衣、食、住、行等一切基本生活的现金支出，也包括购买日常生活用品、用具而支出的现金数额。

需要注意，对于购买的物品要区分一般价值的实物和高价值的实物，并分别进行记录。如果购买的物品价值较低或者使用时间在一年之内，购买时支出的现金直接在"生活现金支出"分类中记录；如果购买的物品价值较大，并且使用时间超过一年，例如摄像机、电脑、照相机、手机等，购买这类物品所支付的现金不能记录在"生活现金支出"分类中，而是记录在"生活高值物品结存"科目中。

- "学习现金支出"：记录在校学费、书费等正常学习费用的支出。
- "发展现金支出"：记录除了学校安排的学习任务之外，为了更好地培养自己而安排的课外学习支出的现金。
- "娱乐现金支出"：记录为了休闲、娱乐而支出的现金。
- "交往现金支出"：记录自己与家人及外人交往所支出的现金。

- "医疗现金支出"：记录自己医疗、保健而支出的现金。
- "其他现金支出"：记录除上述内容之外的其他形式的现金支出，例如罚款支出、滞纳金支出等。

(2) "实物支出"总分类科目的应用

"实物支出"总分类科目记录的内容包括如下三个方面：

① 记录没有支付资金而得到的价值较低和使用寿命在一年之内的实物的价值；

② 记录一些价值高的实物的支出价值，例如把自己的摄像机送人；

③ 记录高价值实物的使用折旧的数额，例如电脑使用的折旧费，照相机使用的折旧费等。

按照实物支付的用途和目的不同，实物支出分别在"实物支出"总分类科目所对应的明细分类科目中记录。

特别注意，对于实物的记录，要分不同情况分别记录。首先实物分一般价值实物(价值不高和使用寿命在一年之内的实物)和高价值实物(价值高，使用寿命在一年以上的实物)，实物包括以下四种情况：

第一类，购买的一般价值实物；

第二类，没有花钱而得到的一般价值实物；

第三类，购买的高价值实物；

第四类，没有花钱得到的高价值实物。

这四种情况的记账方法是不同的，后面将分别论述。

"实物支出"总分类科目，可以根据不同内容分得更明细一些，包括如下几种明细分类。

- "生活实物支出"：记录生活使用的高价值物品的使用折旧费，为了生活送出的自己拥有的高价值实物的价值，以及没有支付资金得到的生活用一般价值实物的价值。对高价值实物的记录，购买或取得的高价值实物不在本科中记录。
- "学习实物支出"：记录在学校的正常学习需要购买的学习用具的价值，以及学习用高价值实物的使用折旧费，以及一次性得到的学习用一般价值实物的价值。
- "发展实物支出"：记录除了学校安排的学习任务之外，为了更好地培养自己而安排的课外学习支出的实物的价值，也包括为发展使用的高价值物品的使用折旧费，以及一次性得到的发展成长用一般价值实物的价值。

- "娱乐实物支出"：记录为了休闲、娱乐而支出的实物的价值和高价值实物的使用折旧费用，以及一次性得到的娱乐用一般价值实物的价值。
- "交往实物支出"：记录自己与家庭及外人交往所支出的实物价值。记录为交往使用的高价值物品的使用折旧费，以及一次性得到的交往用一般价值实物的价值。
- "医疗实物支出"：记录为了保健医疗支出的实物的价值，为保健、医疗使用的高价值物品的使用折旧费，以及一次性得到的医疗、保健用一般价值实物的价值。
- "其他实物支出"：除上述内容之外的其他形式的实物支出，以及除上述之外所得到的一般实物的价值，例如被罚没的家庭实物的价值，以及偶然一次性得到的一般价值实物的价值。

3. 资金收支结余类内容的分类

每月的全部"现金收入"加"实物收入"减去全部的"现金支出"加"实物支出"，其差额就是"累计收支结余"，按"累计收支结余"所代表的期间不同进行分类，可分为"本年收支结余"和"以前年度累计结余"两个明细科目。

"累计收支结余"总账，记录从开始记账年份到现在时间的收支结余的累积数额。"累计收支结余"总账科目包括以下两个明细科目：

- "本年收支结余"：记录本年度每个月的收入减去支出后的余额数。
- "以前年度累计结余"：本科目记录从记账年份开始截至上年度末累计下来的收支结余数额。

4. 对往来款项类收支的分类

在个人生活中资金和实物的彼此借用是很正常的事情，可以借入资金和实物，也可以借出资金和实物，对于这类资金、实物的往来行为进行分类，有两个总分类科目："应收款项"和"应付款项"。

(1) 总分类"应收款项"的明细分类科目如下。

- "应收现金"：记录借出未收回的现金的数额。
- "应收实物"：记录借出未收回的高价值物品的价值数额。

(2) 总分类"应付款项"的明细分类科目如下。

- "应付现金"：记录借入未归还的现金的数额。
- "应付实物"：记录借入未归还的高价值物品的价值数额。

5. 对资产结存类资金状况的分类

个人都拥有自己的资产，例如银行存款、现金、电脑、照相机、手机等，资产结存类分为两个总分类科目："现金结存"和"实物结存"。

(1) 总分类"现金结存"又分为以下明细科目。

● "现金"：记录到目前结余的现金数额。

● "银行存款"：记录到目前所有存在银行里的银行存款合计数额，这些银行存款是可以随时提取现金的，对于虽然存在银行里，但不可以随便提取的银行存款，不在本类记录，而在"其他货币资金"类里记录。

● "其他货币资金"：记录除 "现金"和"银行存款"类以外的其他形式的货币资金，这些资金不可以随意提取现金，例如定期存款、饭卡里的现金、电话卡里的现金等。

(2) 总分类"实物结存"又分为以下明细科目。

● "生活高值物品结存"：记录生活中价值高、使用时间长的重要物品的原始购买价格。

● "生活高值物品折旧"：记录生活高值物品按使用年限平均摊销的使用折旧数额，以"生活高值物品结存"科目数额减去"生活高值物品折旧"科目的数额，其差额就是目前生活高值物品的净价值。

● "借入物品"：记录借入但需要归还的物品的价值数额(没有价值数额的可以估计一个价值记账)。

6. 对个人投资经营活动资金行为的分类

大学生在校期间，可以利用自己的业余时间和特长，做一些投资和经营活动，以增加自己的资金收入，同时锻炼自己的经营能力。对投资和经营活动的资金活动的记录，设置了三个总分类科目，包括："投资经营收入""投资经营支出""投资经营结存"。

(1) 总分类科目"投资经营收入"又分为如下明细科目。

● "投资经营现金收入"：记录因投资经营所获得的现金营业收入。

● "投资经营实物收入"：记录因投资经营所获得的实物营业收入，也就是获得的实物的价值。

● "投资经营无形资产收入"：记录因投资经营所获得的无形资产营业收入，也就是获得的无形资产的价值。

(2) 总分类科目"投资经营支出"又分为以下明细科目。

● "投资经营现金支出"：记录为了投资经营活动而发生的现金支出，也就是

投资经营业务成本支出。

- "投资经营实物支出"：记录为了投资经营活动而耗用的一般实物价值数额，以及投资经营使用的高价值物品的折旧费用。
- "投资经营无形资产支出"：记录因投资经营而耗用或购买的无形资产支出数额，例如购买代理权等。

(3) 总分类科目"投资经营结存"又分为以下明细科目。

- "投资经营高值物品结存"：记录投资经营过程中收入的高值实物的价值，没有价值的可以估价记账。
- "投资经营高值物品折旧"：记录投资经营使用的高值物品的使用折旧费数额。"投资经营高值物品结存"科目数额抵减折旧后的数额就是投资经营高值物品的净价值。
- "投资经营无形资产结存"：记录因投资经营所获得的无形资产的价值数额。例如取得某产品代理权共支付 20 000 元代理费，那么代理权这个无形资产的价值就是 20 000 元。
- "投资经营无形资产摊销"：记录投资经营过程中所获得的无形资产的价值，将这个价值按使用年限平均分摊到使用期间内。

7. 对提前支付和延后支付的一些费用的分类

个人支付费用时，经常会发生费用归属的月份和实际支付现金的月份不一致的情况，对于这种情况，我们设置"待摊费用"和"预提费用"两个总分类科目。

(1) "待摊费用"的应用

需要预先支付的以后几个月的费用。例如：业余学习文学创作课程，在 2 月 1 号一次性交付 6 个月的费用共计 3 000 元，这笔学习费用属于 2～7 月 6 个月的，要在以后记账时平均分摊到 6 个月里的，所以 2 月份支出这笔费用时，先记录在"待摊费用"科目里，从 2 月份开始，平均分摊到以后的 6 个月里，因为学习创作费用是属于发展支出，所以作为"现金支出——发展现金支出"进行记录。

"待摊费用"总分类科目，就是用来暂且记录预先支付的一些费用，以后再平均分摊在应该承担的月份里，以明确费用归属期间和对象。

(2) "预提费用"的应用

个人发生的属于现在月份的费用，但是需以后支付现金的情况。例如：贷款利息，本月的贷款利息需要在下月 15 日前支付，假如每月的贷款利息固定为 435.48

元，2月份的利息需要在3月15日支付，那么在2月底记录个人账时，要把435.48元记录在"预提费用"科目里。

"预提费用"总分类科目用于记录发生在本月的费用，但是需要在以后支付现金的财务事项。

个人会计科目的具体内容和用途如表2-1所示。

表2-1　个人会计科目一览表

序号	总分类科目及编号 （一级科目）	明细分类科目及编号 （二级科目）		科目记录的内容及用途
1	一、收入类科目			记录所有收到的现金和实物的数额
2	现金收入 （100）	父母现金收入	101	父母给的现金
3		奖励现金收入	102	自己获得的奖金
4		劳动所得现金收入	103	自己偶然劳动所得现金报酬
5		他人现金收入	104	除父母外其他人给予的现金
6		其他现金收入	105	除上述情况之外得到的现金
7	实物收入 （200）	父母实物收入	201	父母给的实物
8		奖励实物收入	202	自己获得的实物奖励
9		劳动所得实物收入	203	自己勤工俭学、经营劳动所得实物报酬
10		他人实物收入	204	除父母外其他人给予的实物
11		其他实物收入	205	除上述情况之外得到的实物
12	二、支出类科目			记录所有支出的现金和实物的数额
13	现金支出 （300）	生活现金支出	301	在校学费、书费等学习支出现金
14		学习现金支出	302	学校课程之外的学习、成长支出现金
15		发展现金支出	303	衣食住行、话费等生活支出现金
16		娱乐现金支出	304	休闲娱乐支出的现金
17		交往现金支出	305	与别人交往所花费的现金
18		医疗现金支出	306	记录医疗、保健所支付的现金
19		其他现金支出	307	除上述内容之外的现金支出，如罚款等

(续表)

序号	总分类科目及编号 (一级科目)	明细分类科目及编号 (二级科目)		科目记录的内容及用途
20	实物支出 (400)	生活实物支出	401	在校学费、书费等学习支出的实物
21		学习实物支出	402	学校课程之外的学习、成长支出的实物
22		发展实物支出	403	衣食住行、话费等生活支出的实物
23		娱乐实物支出	404	休闲娱乐支出的实物
24		交往实物支出	405	与别人交往所花费的实物
25		医疗现金支出	406	记录医疗、保健所支付的实物及高值物品折旧费
26		其他实物支出	407	除上述实物支出之外的实物支出
27	三、往来类科目			记录借出和借入的现金及实物的数额
28	应收款项 (500)	应收现金	501	借出未收回的现金的数额
29		应收实物	502	借出未收回的实物的数额
30	应付款项 (600)	应付现金	601	借入未还的现金的数额
31		应付实物	602	借出未还的实物的数额
32	四、预提和待摊类科目			记录费用归属期和支付期不一致的支出
33	预提费用(700)	按费用性质命名		
34	待摊费用(800)	按费用性质命名		
35	五、结存类科目			记录结存的货币资金和高价值物品的金额
36	现金结存 (900)	现金	901	结余的现金数额
37		银行存款	902	结余的银行存款数额
38		其他货币资金	903	除现金和银行存款外结余的其他货币形式的资金,这样的资金不可以随意提取现金

（续表）

序号	总分类科目及编号 （一级科目）	明细分类科目及编号 （二级科目）		科目记录的内容及用途
39		生活高值物品结存	1001	生活中价值高、使用时间长的实物的原始购买价值
40	实物结存 （1000）	生活高值物品折旧	1002	对生活中高值物品使用按使用年限平摊的折旧价值，是"生活高值物品结存"科目价值的扣减科目
41		借入物品	1003	借入的需要归还的实物
42	六、投资经营类科目			记录所有经营支出和收入的现金和实物的数额
43		投资经营现金收入	1101	因投资经营所获得的现金数额
44	投资经营收入 （1100）	投资经营实物收入	1102	因投资经营所获得的实物数额
45		投资经营无形资产收入	1103	因投资经营所获得的无形资产数额
46		投资经营现金支出	1201	因投资经营而投入的现金数额
47	投资经营支出 （1200）	投资经营实物支出	1202	因投资经营而投入的实物数额
48		投资经营无形资产支出	1203	因投资经营而投入的无形资产数额
49		投资经营高值物品结存	1301	因投资经营购买或得到的价值高、使用时间长的实物的原始价值
50	投资经营结存 （1300）	投资经营高值物品折旧	1302	对投资经营高值物品使用的折旧科目，是"经营高值物品结存"的价值扣减科目
51		投资经营无形资产结存	1303	因投资经营所获得的无形资产的价值
52		投资经营无形资产摊销	1304	将投资经营所获得的无形资产的价值，按使用年限平均分摊数额
53	七、自有资金类科目			记录所拥有的净资产数额
54	累计收支结余 （1400）	本年收支结余	1401	本年度的每月的收入减去支出后的余额
55		以前年度累计结余	1402	截至上年末历年收支结余的累积数额

说明：总分类科目简称总账科目，明细分类科目简称明细科目。

(三) 使用科目记账增减符号

进行记账时，涉及的科目的金额一定有增减变动，我们参照企业会计的要求，金额的增减关系不用"增""减"符号表示，而是采用"借""贷"的符号表示。"借""贷"符号代表的增减规律如下：

1. 资金来源类科目

包括"现金收入""实物收入"类科目，以及"应付款项""预提费用""投资经营收入""累计收支结余"总分类科目，以及上述总分类科目对应的明细分类科目，"借"代表"减"，"贷"代表"增"。

2. 资金占用类科目

包括"现金结存""实物结存""投资经营结存""现金支出""实物支出""投资经营支出""应收款项""待摊费用"总分类科目，以及上述总分类科目对应的明细分类科目，"借"代表"增"，"贷"代表"减"。

(四) 总分类科目的使用说明及勾稽对应关系

下面按总分类科目进行演示对应关系和"借""贷"符号的应用，对于各总分类科目所属的明细分类科目，在记账时首先记录上总分类科目，同时根据财务资金行为的性质，写上该总分类科目对应的明细分类科目。

(1) 生活中收入现金时，现金收入增加，现金结存也相应地同金额增加。

借(增加)：现金结存

　　贷(增加)：现金收入

(2) 生活中收入实物时，实物收入增加，实物结存和实物支出也相应地同金额增加。

借(增加)：实物结存(明细科目"生活高值物品结存")

　　贷(增加)：实物收入

借(增加)：实物支出(一般价值实物)

　　贷(增加)：实物收入

(3) 用现金购买实物时，实物结存、投资经营结存、实物支出增加，现金减少了。

借(增加)：实物结存(明细科目"生活高值物品结存")

　　贷(减少)：现金结存

借(增加)：实物支出(一般价值实物)

　　贷(减少)：现金结存

借(增加)：投资经营结存(明细科目"投资经营高值物品结存")

　　贷(减少)：现金结存

(4) 生活中支出现金时，现金支出增加，现金结存相应的同金额减少。

借(增加)：现金支出

　　贷(减少)：现金结存

(5) 生活中送出高价值实物，以及因使用高价值实物发生的折旧时，实物支出增加，实物结存减少。

借(增加)：实物支出

　　贷(减少)：实物结存(明细科目"生活高值物品结存")

借(增加)：实物支出(高价值实物折旧)

　　贷(减少)：实物结存(明细科目"生活高值物品折旧")

(6) 当销售生活高值物品取得现金时，现金结存增加，实物结存同金额减少。

借(增加)：现金结存

借(增加)：实物结存(明细科目"生活高值物品折旧")

　　贷(减少)：实物结存(明细科目"生活高值物品结存")

(7) 将现金借给别人时，应收款项增加，现金结存会同金额减少。

借(增加)：应收款项(明细科目"应收现金")

　　贷(减少)：现金结存

(8) 将高价值实物借给别人时，应收款项增加，实物结存或投资经营结存会同金额减少。

借(增加)：应收款项(明细科目"应收实物")

　　贷(减少)：实物结存(明细科目"生活高值物品结存")

借(增加)：应收款项(明细科目"应收实物")

　　贷(减少)：投资经营结存(明细科目"投资经营高值物品结存")

(9) 当收回借给别人的现金时，应收款项减少，现金结存会同金额增加。

借(增加)：现金结存

　　贷(减少)：应收款项(明细科目"应收现金")

(10) 将借出的高价值实物收回时，应收款项减少，实物结存和投资经营结存会同金额增加。

借(增加)：实物结存(明细科目"生活高值物品结存")

　　贷(减少)：应收款项(明细科目"应收实物")

借(增加)：投资经营结存 (明细科目"投资经营高值物品结存")

贷(减少)：应收款项(明细科目"应收实物")

(11) 向别人借入现金时，应付款项增加，现金结存会同金额增加。

借(增加)：现金结存

贷(增加)：应付款项(明细科目"应付现金")

(12) 向别人借入高价值实物时，应付款项增加，实物结存或投资经营结存会同金额增加。

借(增加)：实物结存 (明细科目"生活高值物品结存")

贷(增加)：应付款项(明细科目"应付实物")

借(增加)：投资经营结存(明细科目"投资经营高值物品结存")

贷(增加)：应付款项(明细科目"应付实物")

(13) 当归还所借的现金时，应付款项减少，现金结存会同金额减少。

借(增加)：应付款项(明细科目"应付现金")

贷(减少)：现金结存

(14) 当归还借入的高价值实物时，应付款项减少，实物结存或投资经营结存会同金额减少。

借(减少)：应付款项(明细科目"应付实物")

贷(减少)：实物结存(明细科目"生活高值物品结存")

借(减少)：应付款项(明细科目"应付实物")

贷(减少)：投资经营结存(明细科目"投资经营高值物品结存")

(15) 当需要为以后月份的费用预先支付现金时，待摊费用增加，现金结存减少。

借(增加)：待摊费用

贷(减少)：现金结存

(16) 按需要承担的月份平均分摊费用时，现金支出或投资经营支出增加，待摊费用减少。

借(增加)：现金支出

贷(减少)：待摊费用

借(增加)：投资经营支出

贷(减少)：待摊费用

(17) 属于本月的费用，但是等待以后月份支付现金，预提费用增加，现金支出或投资经营支出增加。

借(增加)：现金支出

　　贷(增加)：预提费用

借(增加)：投资经营支出(明细科目"投资经营现金支出")

　　贷(增加)：预提费用

(18) 当需要现金支付预提的费用时，预提费用减少，现金结存减少。

借(减少)：预提费用

　　贷(减少)：现金结存

(19) 投资经营收入现金时，投资经营收入增加，现金结存也相应地同金额增加。

借(增加)：现金结存

　　贷(增加)：投资经营收入(明细科目"投资经营现金收入")

(20) 投资经营收入实物时，投资经营收入增加，投资经营结存也相应地同金额增加。

借(增加)：投资经营结存(明细科目"投资经营高值物品结存")

　　贷(增加)：投资经营收入(明细科目"投资经营实物收入")

借(增加)：投资经营支出(一般价值的物品)

　　贷(增加)：投资经营收入(明细科目"投资经营实物收入")

(21) 投资经营收入无形资产时，投资经营收入增加，投资经营结存也相应地同金额增加。

借(增加)：投资经营结存(明细科目"投资经营无形资产结存")

　　贷(增加)：投资经营收入(明细科目"投资经营无形资产收入")

(22) 投资经营支出现金时，投资经营支出增加，现金结存相应的同金额减少。

借(增加)：投资经营支出(明细科目"投资经营现金支出")

　　贷(减少)：现金结存

(23) 投资经营支出实物，以及使用投资经营高值物品的折旧时，投资经营支出增加，投资经营结存相应的同金额减少。

借(增加)：投资经营支出(明细科目"投资经营实物支出")

　　贷(减少)：投资经营结存(明细科目"投资经营高值物品结存")

借(增加)：投资经营支出(明细科目"投资经营实物支出")

　　贷(减少)：投资经营结存(明细科目"投资经营高值物品折旧")

(24) 投资经营支出无形资产时，投资经营支出增加，投资经营结存相应的同金额减少。

借(增加)：投资经营支出(明细科目"投资经营无形资产支出")

　　贷(减少)：投资经营结存(明细科目"投资经营无形资产结存")

(25) 每月末，将全部收入科目的余额结转到"累计收支结余"总分类科目和"本年收支结余"明细科目中。

借(减少)：现金收入

　　贷(增加)：累计收支结余(明细科目"本年收支结余")

借(减少)：实物收入

　　贷(增加)：累计收支结余(明细科目"本年收支结余")

借(减少)：投资经营收入

　　贷(增加)：累计收支结余(明细科目"本年收支结余")

(26) 每月末，将全部支出科目的余额结转到"累计收支结余"总分类科目和"本年收支结余"明细科目中。

借(增加)：累计收支结余(明细科目"本年收支结余")

　　贷(减少)：现金支出

借(增加)：累计收支结余(明细科目"本年收支结余")

　　贷(减少)：实物支出

借(增加)：累计收支结余(明细科目"本年收支结余")

　　贷(减少)：投资经营支出

(27) 每年末，将总账科目"累计收支结余"之下的明细科目"本年收支结余"科目的余额，结转到明细科目"以前年度累计结余"科目。

① 如果"本年收支结余"为盈余

借(减少)：累计收支结余(明细科目"本年收支结余")

　　贷(增加)：累计收支结余(明细科目"以前年度累计结余")

② 如果"本年收支结余"为亏损

借(减少)：累计收支结余(明细科目"以前年度累计结余")

　　贷(增加)：累计收支结余(明细科目"本年收支结余")

(五) 科目使用的特别说明

(1) 生活中购买的实物，注意区分一般价值实物和高价值实物的账务记录是不同的。

(2) 生活中没有支付现金而得到的实物，注意区分一般价值实物和高价值实物的账务记录是不同的。

(3) 投资经营中购买的实物，注意区分一般价值实物和高价值实物的账务记录是不同的。

(4) 生活中没有支付现金而得到的实物，注意区分一般价值实物和高价值实物的账务记录是不同的。

(5) 关于生活高价值物品折旧的计算问题。生活高值物品的折旧费，有法定使用年限的，按法定使用年限确定折旧年限，没有明确使用年限的，按估计使用年限确定折旧年限，扣除5%的净残值后，按月平均摊销使用折旧费。

例如：手提电脑买价是 3 500 元，预计使用年限为 5 年，每月的使用折旧费为 $3\,500 \times (1-5\%) \div 5 \div 12 = 55.42$ 元。

每月末，对生活用高值物品的折旧费用做记账凭证，借记"实物支出(相应明细科目)"，贷记"实物结存——生活高值物品折旧"。

(6) 关于投资经营高价值物品折旧的计算问题。投资经营高值物品折旧的计算方法和生活高值物品折旧的计算方法一致。每月末，记录投资经营高值物品折旧，借记"投资经营支出——投资经营实物支出"，贷记"投资经营结存——投资经营高值物品折旧"。

(六) 记账方法的特点

每笔业务都要在两个或两个以上的科目中记录，且金额相等、有"借"必有"贷"，借贷金额相等，这就是"复式记账法"。"复式记账法"能够清晰地反映每一笔收支业务的来龙去脉，使全部科目的借方发生额合计数与贷方发生额合计数相等，全部科目发生额之间形成一种严密科学的勾稽关系，如果这种钩稽平衡关系被打破，说明账务处理出现错误，需要查找并更正。

(七) 根据原始凭证的内容填制记账凭证

上述介绍了记账科目的应用和记账方法，并且要求日常生活中注意收集、保存好资金收支等业务的原始凭证。下面我们就需要根据每张原始凭证的所记载的内容，填制记账凭证。

图 2-1 是一张空白的记账凭证，可以到商店直接购买这种空白记账凭证。

记 账 凭 证

年　　月　　日

总号	
分号	

摘　　要	编号	总账科目	明细科目	记账	借 方 金 额 千百十万千百十元角分	贷 方 金 额 千百十万千百十元角分
附件：　　　张		合　计　金　额				

屏核　　　　操机　　　　记账　　　稽核　　　　出纳　　　　制证

图 2-1　空白记账凭证

填制记账凭证的方法如下：

(1) 根据原始凭证的内容，确定所涉及的总分类科目名称和对应的明细科目的名称。

(2) 确定总分类科目和对应明细科目的金额。

(3) 确定所涉及的各科目及金额是增还是减，并用"借贷"符号来表示，从而确定金额的借贷位置。

(4) 开始在空白记账凭证上填写内容：

① 在"年　月　日"处，按照原始凭证上的日期或者记账时的日期进行填写；

② 在"摘要栏"填写业务的简要介绍；

③ 在"总账科目"栏填写所涉及的总分类科目的名称，在"明细科目"栏填写总分类科目所对应的明细分类科目名称。

④ 如果科目的金额是借方金额，就在本科目同一行对应的"借方金额"栏填写数字；如果科目的金额是贷方金额，就在本科目同一行对应的"贷方金额"栏填写数字。并合计全部"借方金额"和"贷方金额"，填写在"合计金额"行的对应位置。

⑤ 填写完记账凭证，要把自己的名字填写在最下方的"制证"处。

⑥ 要清点一下这笔业务的原始凭证的张数，并用阿拉伯数字填在"附件"处；

⑦ 每张记账凭证要编写顺序号，填写在"总号"处。

用胶水把原始凭证粘贴在记账凭证的后面，这样一张记账凭证就填写完成了。

例如2012年12月10日，乘坐出租车，花费12元，原始凭证是出租车票一张；乘坐火车，花费 65 元，原始凭证是火车票一张。根据这两张原始凭证填制记账凭证，假如记账凭证的顺序号已经到 11 号了。填好的记账凭证见图 2-2。

记 账 凭 证

					总号	11
					分号	

2012 年 12 月 10 日

摘　　要	编　号	总账科目	明细科目	记账	借 方 金 额										贷 方 金 额									
					千	百	十	万	千	百	十	元	角	分	千	百	十	万	千	百	十	元	角	分
乘坐出租车及火车费		现金支出	生活现金支出									7	7	0	0										
		现金结存	现　　金																		7	7	0	0
附件：　　1　　张		合　计　金　额									7	7	0	0							7	7	0	0

屏核　　　　操机　　　　记　账　田犁　稽核　　　　出　纳　田犁　　制　证　田犁

图 2-2 交通费的记账凭证

根据上面的记账凭证可以看出，一张完整的记账凭证要填制以下内容。

(1) 凭证编制日期：在" 年 月 日"处填写。

(2) 编制凭证顺序号：在"总号"处填写。

(3) 业务性质的说明：在"摘要"下填写，说明业务的性质。

(4) 总分类科目和明细分类科目：分别在"总账科目"和"明细科目"处填写。

(5) 科目发生的借贷金额：对应所涉及科目的金额，借方金额在"借方金额"处填写，贷方金额在"贷方金额"处填写。

(6) 合计金额。

(7) 附件数。

(8) 记账凭证经手人姓名。

每月把所有的原始凭证进行分类，然后根据每类的原始凭证填制记账凭证。填制记账凭证是记账的基础工作，也是登记会计账簿的依据。

(八) 设置会计账簿

1. 总账账簿的设置方法

(1) 填写"口取纸"

将"个人会计科目一览表"上的总账科目的名称，逐一写在"口取纸"上，并把写好的"口取纸"逐个粘贴在空白总账账簿上。

（2）填写科目余额

如果有的总账科目有余额，分别把总账科目的余额填写在空白总账簿的"余额"栏内，并在"借或贷"栏内标明余额是"借"方余额，还是"贷"方余额。

（3）设置"年月日"和总账科目名称

在贴着"口取纸"的账页上，将"口取纸"上的科目名称抄写在总账账页的"科目或名称"处。把设置总账的时间填写在总账账页的"年月日"处。

如图 2-3 所示是设置完成的"现金结存"总账科目的账页。

科目或名称 现金结存				总 账						10	现金结存
2012年 月 日	凭证 种类 号数	摘 要	日 页	借 方 亿千百十万千百十元角分		贷 方 亿千百十万千百十元角分		借或贷	余 额 亿千百十万千百十元角分		
9 30		9月末余额						借	1 8 3 4 5 0		

图 2-3 "现金结存"科目总账账页

2. 明细账账簿的设置方法

（1）填写"口取纸"

将"个人会计科目一览表"上明细科目的名称逐一写在"口取纸"上，并把写好的"口取纸"逐个粘贴在空白明细账账页上。

（2）填写科目余额

如果明细科目有余额，分别把明细科目的余额填写在空白明细账簿的"余额"栏内，并在"借或贷"栏内标明余额是"借"方余额，还是"贷"方余额。

（3）填写账簿设置"年月日"和明细科目名称

在贴着"口取纸"的账页上，将"口取纸"上的明细科目名称，抄写在账页上方"明细账"处的前面，同时抄写在"二级科目或明细科目"处，把该明细科目所属的总账科目的名称填写在"一级科目"处。把设置总账的时间，填写在总账账页的"年月日"处。

(4) 编写账页页码

把明细账簿的每一页，根据先后顺序编写页码。

图 2-4 是设置完成的"现金"明细科目的明细账页。

| 一 级 科 目 | 现金结存 |
| 二级科目或明细科目 | 现金 |

第 15 页

现 金 明 细 账

2012年		记账凭证		摘 要	借(收)方										贷(付)方										收借或付贷	余 额									
月	日	种类	号数		亿	千	百	十	万	千	百	十	元	角	分	亿	千	百	十	万	千	百	十	元	角	分		亿	千	百	十	万	千	百	十	元	角	分
1	1			期初余额																							借					2	7	5	4	2		

图 2-4 "现金"科目明细账账页

3. 如果是初次记账，如何确定期初余额

各总账科目和明细科目期初余额的确定，分两种情况：初次建账时，要对个人的全部资产、负债等情况进行盘点，确定期初数量、金额；上年度已经开始记账的，那么上年度的期末余额就是本年度的期初余额。

初次建账时如何对个人资产、负债进行盘点呢？盘点时要确定一个"盘点基准日"，所有的资产、负债的价值数额都是截至"盘点基准日"的数值。盘点的范围和方法如下。

(1) 总分类科目"现金结存"的盘点

● "现金"明细科目的盘点。在盘点基准日，清点自己所拥有的现金数额，就是"现金"明细科目的期初余额。

● "银行存款"明细科目的盘点。到所有的开户银行，索要截止到"盘点基准日"的明细对账单，对账单上有明确的余额数量，累计这些余额数，就是明

细科目"银行存款"的期初余额。

- "其他货币资金"明细科目的盘点。对于存放在银行等金融机构，不能随便动用的资金，检查到盘点基准日的余额数，就是"其他货币资金"明细科目的期初余额。

将"现金""银行存款""其他货币资金"三个明细科目的余额数进行合计，合计金额就是"现金结存"总账科目的期初余额。

(2) 总分类科目"实物结存"的盘点

- "生活高值物品结存"明细科目的盘点。清点生活用价值比较高的物品，例如电脑、自行车、照相机、手机等。价值的确定，如果知道购买价格的，以购买价格为准；不知道购买价格的，以估算价格为准，将所有生活高值物品的价值进行合计，合计金额就是"生活高值物品结存"科目的期初余额。
- "生活高值物品折旧"明细科目的盘点。"生活高值物品结存"科目的价值是记录物品在全新状态下的价值金额，由于使用造成了价值和寿命的折损，对于生活高值物品，逐一估计剩余使用年限、已发生的折旧金额，将所有的生活高值物品的估计折旧额进行合计，就是"生活高值物品折旧"明细科目的期初余额。
- "借入物品"明细科目的盘点。清点向外人借入的需要归还的实物，如果没有确切价值的，以估计价值为准，作为"借入物品"明细科目的期初余额。

将"生活高值物品结存"和"借入物品"科目的期初余额合计，减去"生活高值物品折旧"科目的期初余额，就是"实物结存"总账科目的期初余额。

(3) 总分类科目"投资经营结存"的盘点

- "投资经营高值物品结存"明细科目的盘点。清点投资经营用价值比较高的物品，价值的确定以购买时支付的资金为准，不知道购买价值的，对其进行估价，将全部投资经营高值物品的价值进行合计，就是"投资经营高值物品结存"科目的期初余额。
- "投资经营高值物品折旧"明细科目的盘点。"投资经营高值物品结存"科目的价值是记录物品在全新时的价值，由于使用价值和寿命的折损，需要逐一对物品估计剩余使用年限、将所有投资经营高值物品的累计折旧额进行合计，合计金额就是"投资经营高值物品折旧"明细科目的期初余额。
- "投资经营无形资产结存"明细科目的盘点。清点以投资经营而获得的无形资产的价值，如果没有确切价值的，以估计价值为准，作为"投资经营无形资产结存"明细科目的期初余额。

"投资经营高值物品结存"科目的期初余额和"投资经营无形资产结存"科目

期初余额累计数扣减"投资经营高值物品折旧"科目的期初余额和"投资经营无形资产摊销"科目期初余额，就是"投资经营结存"总账科目的期初余额。

(4) 总分类科目"应收款项"的盘点

● "应收现金"明细科目的盘点。清查截止到盘点日的外人对本人的欠款数额，并逐一登记，作为"应收现金"明细科目的期初余额。

● "应收实物"明细科目的盘点。清查截止到盘点日，本人借给外人的需要收回的物品，并逐一登记，确定金额，将这些金额进行合计，就是"应收实物"明细科目的期初余额。

将"应收现金"和"应收实物"明细科目的期初余额进行合计，合计数额就是"应收款项"科目的期初余额。

(5) 总分类科目"应付款项"的盘点

● "应付现金"明细科目的盘点。清查截止到盘点日，本人对外欠款数额，并逐一登记，这些金额的合计数额就是"应付现金"明细科目的期初余额。

● "应付实物"明细科目的盘点。清查截止到盘点日，本人借外人的需要归还的实物，并逐一登记，确定金额，将这些金额进行合计，就是"应付实物"明细科目的期初余额。

将"应付现金"和"应付实物"明细科目的期初余额进行合计，合计数额就是"应付款项"科目的期初余额。

(6) 总分类科目"待摊费用"的盘点

截至盘点日，盘查是否有以前发生的预付费用的事项，如果有估计剩余费用的金额和有效时间，作为"待摊费用"的期初余额。

(7) 总分类科目"预提费用"的盘点

因为以前没有对家庭进行记账，所以"预提费用"科目一般不会有期初余额，从开始记账后才会发生期初余额。

(8) 总分类科目"累计收支结余"期初余额的确定

"累计收支结余"总分类科目余额的确定，需要通过一个公式来计算确定期初余额。

资产、负债科目的金额有一种必然的平衡关系：

"现金结存" + "实物结存" + "投资经营结存" + "应收款项" + "待摊费用" = "应付款项" + "预提费用" + "累计收支结余"

也可以把上述公式变为另一种形式：

"累计收支结余" = ("现金结存" + "实物结存" + "投资经营结存" + "应收款项" + "待摊费用") − ("应付款项" + "预提费用")

由于其他科目的期初金额已经全部知道，根据这个公式就很容易计算出"累计收支结余"总分类科目的期初余额，也是"以前年度累计结余"明细科目的期初余额。

(九) 每月根据记账凭证登记明细账簿

设置好全部账簿，填制完成全部记"记账凭证"后，根据记账凭证登记明细账户，按记账凭证的顺序号，逐一把记账凭证上的内容抄写在明细账簿对应科目名称的账页上，把记账凭证逐一登记完毕后，把每个明细科目的账页的金额进行合计，计算出本月"合计数"和"余额数"，明细账登记完毕。例如"银行存款"明细账页如图 2-5 所示。

银行存款(工行) **明 细 账**　　第 16 页

| 一级科目 | 现金结存 |
| 二级科目或明细科目 | 银行存款(工行) |

2013年		记账凭证		摘　要	借(收)方	贷(付)方	收借或付贷	余　额
月	日	种类	号数					
1	1			期初余额			借	2003 51
1	4		1	收到父母汇来款项	900 00		借	2903 51
1	5		2	向银行提现金		810 00	借	2093 51
1	25		9	预付播音主持班费用		375 00	借	1718 51
				本月合计	900 00	1185 00	借	1718 51

图 2-5　"银行存款"科目明细账账页

总分类账簿和明细分类账簿，简称总账和明细账。按总分类科目建立总账，按明细分类科目建立明细账，总账提供总财务分类的数据信息，明细账提供构成总分类科目数据的各明细分类的数据，提供的数据更细致。

(十) 根据"总账科目汇总表"登记总账账簿

1. 如何编制"总账科目汇总表"

根据已经记录完毕的明细账的数额，把每一个总账科目包括的全部明细科目的借方发生额和贷方发生额分别进行合计，合计金额就是这个总账科目本月的借方发生额和贷方发生额。将全部总账科目的借方发生额和贷方发生额合计完毕后，将总账科目的名称、借方发生额、贷方发生额逐一抄写在空白"总账科目汇总表"上，并将全部借方发生额、贷方发生额分别进行合计，而且借方发生额与贷方发生额的合计数必须相等，否则就是记账有错误，应该查找纠正，直到相等为止。"总账科目汇总表"如表 2-2 所示。

表 2-2　总账科目汇总表

总账科目　　汇　总　表

2012 年 9 月 1 日　至　9 月 30 日　总　字　第　　号

科目	借方											贷方											总页账次
	亿	千	百	十	万	千	百	十	元	角	分	亿	千	百	十	万	千	百	十	元	角	分	
现金收入						4	0	3	0	0	0						4	0	3	0	0	0	√
实物收入						4	1	3	8	0	0						4	1	3	8	0	0	√
现金支出						5	3	7	1	5	0						5	3	7	1	5	0	√
实物支出							6	9	3	4	2							6	9	3	4	2	√
应收款项							6	0	0	0	0							1	0	0	0	0	√
应付款项																	4	0	1	0	0	0	√
现金结存					1	0	3	1	7	0	0						8	4	8	2	5	0	√
实物结存						3	5	0	0	0	0								5	5	4	2	√
投资经营收入							1	2	0	0	0							1	2	0	0	0	√
投资经营支出								2	1	0	0								2	1	0	0	√
累计收支结余						6	0	1	8	9	2						8	2	8	8	0	0	√
待摊费用							5	0	0	0	0												√
合　计					3	5	3	0	9	8	4					3	5	3	0	9	8	4	

财会主管　　　　记账　　　　　复核　　　　　制表　舒平

2. "总账科目汇总表"的填写说明

(1) 总账科目填写在"科目"栏；

(2) 科目的借方发生额合计数填写在"借方发生额"栏；

（3）科目的贷方发生额合计数填写在"贷方发生额"栏；

（4）将全部科目借方发生额和贷方发生额分别合计，合计数填写在"所有科目发生额累计"行里，借贷方发生额累计数必须要相等；

（5）制表人要在"制表"处签字。

3. 根据"总账科目汇总表"登记总账

将"总账科目汇总表"上各总账科目的借方发生额和贷方发生额抄写在总账账簿相同名称账页上的"借方"和"贷方"栏内，全部抄写完毕后，最后把各个账页的借方发生额、贷方发生额分别进行累计，并计算出借贷方发生额的累计数和账户余额。图 2-6 是"应付款项"登记后的总账账页。

科目或名称 应付款项			总 账			借 方		贷 方		借或贷	余 额	8
2013年		凭证		摘 要	日页	亿千百十万千百十元角分		亿千百十万千百十元角分		借或贷	亿千百十万千百十元角分	
月	日	种类	号数									
1	1			期初余额						贷	1 0 0 0 0 0	
1	31			根据"总账科目汇总表"		7 2 9 1 7		2 2 5 0 0 0 0		贷	2 2 7 7 0 8 3	
				累计		7 2 9 1 7		2 2 5 0 0 0 0		贷	2 2 7 7 0 8 3	

图 2-6 "应付款项"科目总账账页

（十一）对本月账务进行结账工作

月底登记完全部账簿后，在编制报表前，要进行一系列的结账工作。

1. 要"账证相符"

将记账凭证和明细账的内容进行核对，检查是否一致。

2. 要"账账相符"

检查明细账记录与总账记录数额是否一致。

3. 要"账证相符"

盘点"实物结存""现金结存""投资经营结存"的实际数量，与账簿记录数量是否一致。如果不一致，要查找原因，并调整一致。

当完成上述结账工作后，才能结束本月记账，并编制会计报表。

(十二) 根据明细账和总账数据，编制个人会计报表

进行个人记账的最终目的是编制会计报表，了解个人收支的各项数据，以及总的资产、负债的情况，为考核财务目标的实现提供依据。

个人会计报表包括："个人收支损益表"和"个人资产负债表"。

1. 个人会计报表中项目的勾稽平衡关系及编制方法

(1) 个人收支损益表的勾稽关系

现金收入 + 实物收入 − (现金支出 + 实物支出) + (投资经营收入 − 投资经营支出) = 本年收支结余

(2) 个人资产负债表的勾稽关系

现金结存 + 实物结存 + 投资经营结存 + 应收款项 + 待摊费用 = 应付款项 + 预提费用 + 累计收支结余

2. 会计报表规范模式

根据上述勾稽平衡关系，制定了会计报表的规范模式，如表 2-3、表 2-4 所示，将明细账和总账上所有科目的金额分别填写在空白会计报表的同名称项目的位置上，并根据表的要求计算出相应的合计数额、累计数额，填写到规定位置，就形成了会计报表。

表 2-3 个人收支损益表

报表日期：　　年　月　　　　　　　　　　　　　　　　　单位：元

项 目 名 称	行次	本月数额	本年累计数
一、生活资金来源类	1		
1. 现金收入	2		
其中：父母现金收入	3		
奖励现金收入	4		
劳动所得现金收入	5		
他人现金收入	6		
其他现金收入	7		

(续表)

项 目 名 称	行次	本月数额	本年累计数
2. 实物收入	8		
其中：父母实物收入	9		
奖励实物收入	10		
劳动所得实物收入	11		
他人实物收入	12		
其他实物收入	13		
生活收入合计	14		
二、生活资金应用类	15		
1. 现金支出	16		
其中：生活现金支出	17		
学习现金支出	18		
发展现金支出	19		
娱乐现金支出	20		
交往现金支出	21		
医疗现金支出	22		
其他现金支出	23		
2. 实物支出	24		
其中：生活实物支出	25		
学习实物支出	26		
发展实物支出	27		
娱乐实物支出	28		
交往实物支出	29		
医疗实物支出	30		
其他实物支出	31		
生活支出合计	32		
生活收支结余	33		

(续表)

项 目 名 称	行次	本月数额	本年累计数
三、投资经营收入	34		
其中：投资经营现金收入	35		
投资经营实物收入	36		
投资经营无形资产收入	37		
四、投资经营支出	38		
其中：投资经营现金支出	39		
投资经营实物支出	40		
投资经营无形资产支出	41		
经营收支结余	42		
五、累计收支结余	43		
其中：本年收支结余	44		

填表说明：个人收支损益表上所有科目的数额，是根据账簿科目上的"发生额"数据进行填写。

表2-4　个人资产负债表

报表日期：　年　月　　　　　　　　　　　　　　　　　　　　　　　　　　　单位：元

项 目 名 称	行次	本年期初数	本年累计数	项 目 名 称	本年期初数	本年累计数
个人资产	1			个人负债和净资产		
一、资产结存	2			一、应付款项		
1. 现金结存	3			其中：应付现金		
其中：现金	4			应付实物		
银行存款	5			二、预提费用		
其他货币资金	6			三、累计收支结余		
2. 实物结存	7			其中：本年收支结余		
其中：生活高值物品结存	8			以前年度累计结余		
减：生活高值物品折旧	9					
借入物品	10					

(续表)

项 目 名 称	行次	本年期初数	本年累计数	项 目 名 称	本年期初数	本年累计数
3. 投资经营结存	11					
其中：投资经营高值物品结存	12					
减：投资经营高值物品折旧	13					
投资经营无形资产结存	14					
减：投资经营无形资产摊销	15					
货币资金与实物结存合计	16					
二、应收款项	17					
其中：应收现金	18					
应收实物	19					
三、待摊费用	20					
全部个人资产累计	21			负债和净资产累计		

填表说明：个人资产负债表上所有科目的数额，是根据账簿科目上的"余额"数据进行填写。

（十三）会计档案的存档

将本月的记账凭证、会计报表、现金和实物盘点表等会计资料进行装订成册，存入个人档案进行管理。

（十四）会计报表数据的分析应用

1. 会计报表数据分析的作用

进行个人记账，根据所记录的账簿编制会计报表，将会计报表上的收入、支出、资产、负债的数额进行分析，分析的内容主要包括：

（1）了解收入总额的构成比例，对收入来源进行管理

计算"父母现金收入""劳动所得现金收入"等主要收入来源的比重，制定提高收入数额的措施，例如如果"劳动所得现金收入"所占比例为零或者很小，那么就应该注意提高该比例的数值，以增加收入来源，提高自己的独立能力。

如果"他人现金收入""其他现金收入"科目的数额所占收入的比例较大，那么

就要注意研究这种收入来源的稳定性、合法性等。

(2) 了解支出总额的构成比例，分析支出的合理性

了解各类支出数额占总支出数额的比重，分析资金支出的合理性，评价支出效果，从而指导管理自己未来的支出行为。

"学习现金支出"是学校规定的必须支付的费用，一般变化空间不会很大。"娱乐现金支出"数额比例如果过大的话，应考虑是否要适当缩减；如果过小的话，也不一定合适，因为过小可能会影响个人的快乐感。"发展现金支出"如果过小或为零，可能会严重影响个人的成长和发展。"生活现金支出"的比例不可以太小，否则会影响生活质量甚至身体健康。

(3) 分析个人总资产、负债、净资产的增长趋势

每年末，对比近几年的资产负债表上的数据，总结一下个人总资产、负债、净资产的规模分别是增大了，还是减少了，了解个人所拥有的财产的发展趋势。

(4) 根据上年收支指标数据，计划明年收支指标任务

根据个人损益表上的数据，编制下年度的财务预算指标，并根据预算指标数，制定个人下一年度的财务目标任务，并对自己的财务指标任务进行管理和考核。

(5) 集中财力、物力，支持主要发展目标的实现

大学时代的主要任务是学习、成长，所以为了实现自己的发展目标，享受大学的美好时光，一定要在生活基本舒适的前提下，尽量预算较大比例的资金，保障下年个人发展目标的实现。

(6) 感谢父母的养育之恩

通过会计报表能够清楚地了解父母为你支付了多少金钱，这些金钱占全部家庭收入的比例是多少，时刻提醒我们要保持一颗感恩和孝顺之心。

2. 会计报表数据分析的方法

财务分析的主要方法有趋势分析法、比率分析法、因素分析法，详细讲解如下。

1) 趋势分析法

将本年的收入项目、支出项目、结存项目的数据分别减去去年相同的项目的数据，得正数为增加，负数为减少，也可以将去年的数据减去前年的数据，这样就可以看出每个项目是连年增长趋势，还是降低趋势，这就是"趋势分析法"。利用"趋势分析法"分析的主要项目内容如下：

(1) 收入项目分析

① 将父母现金收入与上年相比较。这种收入是保证温饱的收入。计算分析增长或减少的趋势，如果是增长趋势，则父母支持增大，或许父母的社会工资水平

整体提高了，个人技能、职位、工作能力提高了，挣钱综合能力提高了；如果是降低趋势，则会面临被社会淘汰的危险，需要赶紧学习或改变思维，跟上时代的步伐。

② 将非父母现金收入与上年相比较。这种收入称为生息资产，包括房子租金、著作权收入、专有技术收入、银行存款利息等，这种收入是一个人获得财务自由的重要标志。它不是辛苦钱，如果这种钱处于增长趋势，则说明家庭经济基础更加稳健、财务保障更安全。

③ 投资经营现金收入与上年相比较。投资经营收入反映一个人的投资经营能力，这种投资经营不需要办理营业执照，但它需要投入资本、脑力、体力和时间，是经营者综合能力的体现，要分析投资经营收入的增长或减少的原因。

④ 接受馈赠现金收入与上年相比较。中国是人情社会，馈赠收入的增长或降低，代表一个人或家庭的社会地位和受尊重的程度，因此这种收入的增长代表家庭和个人的成长趋势。

⑤ 劳动所得现金收入与上年相比较。大学生在校做一些勤工俭学等社会活动，增加一些劳动收入，为社会贡献自己的一点力量，同时培养自己的责任心、合作能力、自制能力，减少父母的经济压力，为个人的发展目标积累资金。这方面的收入增长越多，说明个人的能力越强。

(2) 支出项目分析

① 生活现金支出与上年相比较。个人的基本生活保障支出，也就是生活支出，这种支出的发展趋势如果是增长的，则说明社会物价普遍上涨，个人生活水平提高，或者其他原因。如果有较大的降低趋势，要分析这种情况的合理性，切忌因过分节俭而影响了生活的幸福感。

② 交往现金支出与上年相比较。中国人很注重人情往来，交往是生活工作的重要部分。交往包括亲情交往、友情交往等。分析这种投入的增减趋势是否合理，与个人经济能力和谋生手段是否一致。

③ 娱乐现金支出与上年相比较。这是人生幸福锦上添花的事情，这部分支出要合理，超过限度就会玩物丧志，侵蚀人生价值。例如沉湎于赌博、网游等可能会使人倾家荡产，甚至导致违法犯罪。

④ 发展现金支出与上年相比较。发展支出是很有价值的支出，要不断学习提高自己，才能不被社会淘汰。在上学时要注重这方面的培养，尽量利用课余时间，来不断提升自己适应社会的能力。

⑤ 投资经营现金支出与上年相比较。投资经营支出不是每个人和家庭都能做的事情，它需要一定的财务知识和社会预见性，也需要有一定的经济基础做支持。所

以不必一定追求增长的趋势。有的投资会带来很大的效益，有的投资可能让人倾家荡产，有时投资支出减少，也是规避风险的明智之举。

⑥ 医疗现金支出与上年相比较。医疗支出是人体的"修理费"，这部分支出如果处于增长趋势是最糟的事情，身体是幸福生活的根本。医疗支出是花了钱、受了罪还影响了生活和工作，所以这种支出最糟糕。为了节约医疗支出，要保持心情舒畅，生活方式健康，增加体育运动。

(3) 结存项目的分析

现金结存与上年相比较。现金、银行存款、高价值实物财产的数额呈增长趋势，说明家庭经济基础越来越好；呈下降趋势就要分析原因，尽量稳定个人经济。

2) 因素分析法

因素分析法，就是对造成某种结果的原因(因素)进行逐一分析，分析每个因素的变动数额对这个结果的影响程度。例如本年度家庭收入总额增长较大，分析构成收入的因素，是因为男主人职位晋升，使收入也随之增长了。

3) 比率分析法

计算各明细科目数额占总账科目数额的比例，这就是比率分析法，主要比率列举如下：

(1) 个人财务稳健比率

资产增长比率＝现金结存和实物结存增加额÷当年现金总收入×100%

积蓄能力占总收入的比例较大时，财务稳健度大；所占比例小或是负数，则说明财务不稳健或易出现财务危机。

(2) 发展支出所占比例

发展支出指数＝发展支出÷当年总收入×100%

发展支出指数＝发展支出÷当年总支出×100%

本比例大，说明注重发展投资，个人发展后劲大；如果比例很小，说明不注重发展投资，个人成长能力后劲不足。

(3) 娱乐支出所占比例

娱乐支出指数＝娱乐支出÷当年总收入×100%

娱乐支出指数＝娱乐支出÷当年总支出×100%

如果娱乐支出的比例过大，就要分析原因，看是否合理。大学时代应该把宝贵的时间用于学习和发展。

(4) 投资经营支出所占比例

投资经营支出指数＝投资经营支出÷当年总收入×100%

投资经营支出指数＝投资经营支出÷当年总支出×100%

大学生的课余时间有限，投资和经营缺乏经验，一般经营投资的规模不宜较大，如果发生经营风险，大学生或许无力承担。

(5) 生活支出所占比例

生活支出指数＝生活支出÷当年总收入×100%

生活支出指数＝生活支出÷当年总支出×100%

生活支出所占比例过低，会影响生活的幸福感，也不合适；如果过高也不一定合适，是否挤占了发展资金数额，是否生活过于奢侈。

(6) 医疗支出所占比例

医疗支出指数＝医疗支出÷当年总收入×100%

医疗支出指数＝医疗支出÷当年总支出×100%

关于各明细科目占总分类账科目的比例，不再逐一列举，大家根据情况自行对比，并分析所占比例的合理性。

第三章 个人会计账务处理过程

一、财务收支业务的处理

根据上一章讲述的个人财务会计核算系统，对大学生田犁同学一个月的财务收支业务进行账务处理(如果实物没有确切的价格，可按市价估算确定价格)。

(一) 田犁的简单介绍

2012 年田犁同学考上济南大学，9 月份开学后，田犁听从父母的建议，开始施行个人会计核算，对自己的学习、生活中发生的各项花费进行记录。

(二) 田犁 9 月份的全部财务业务(按时间顺序列示)

1. 2012 年 9 月 1 日

(1) 收到生活费 4 000 元(原始凭证：田犁自制的"收据"一张，见图 3-1、图 3-2)。

(2) 父母赠送手提电脑一部，价值 3 500 元(原始凭证：田犁自制的"收据"一张，见图 3-3、图 3-4)。

(3) 父母送来棉被两床，价值 100 元；褥子两床，价值 50 元(原始凭证：田犁自制的"收据"一张，见图 3-5、图 3-6)。

(4) 姐姐送来黑色旅行箱 1 个，价值 88 元；手机一部，价值 400 元(原始凭证：田犁自制的"收据"一张，见图 3-7、图 3-8)。

2. 2012 年 9 月 2 日

交学费支出现金 4 000 元(原始凭证：学校开具的"收据"一张，见图 3-9、图 3-10)。

3. 2012年9月3日

(1) 向姐姐借了4 000元(原始凭证:田犁写的"借据"一张,见图3-11、图3-12)。

(2) 购买饭卡并充值,共花费600元(原始凭证:学校开具的"收据"一张,见图3-13、图3-14)。

4. 2012年9月5日

购买洗衣粉2袋,支出现金30.7元;购买香皂2块,支出现金11.8元;购买暖瓶,支出现金14元;购买毛巾2块,支出现金18元(原始凭证:超市发票一张,见图3-15、图3-16)。

5. 2012年9月8日

购买A牌台灯1座,支出现金25元(原始凭证:田犁自制的"证明条"一张,见图3-17、图3-18)。

6. 2012年9月10日

交书费和学杂费,支出现金300元(原始凭证:学校开具的"收据"一张,见图3-19、图3-20)。

7. 2012年9月11日

购买电话卡,支出现金100元(原始凭证:电信发票一张,见图3-21、图3-22)。

8. 2012年9月12日

购买本子5个,支付现金30元;签字笔10支,支付现金10元;计算器一个,支付现金12元(原始凭证:书店小票一张,见图3-23、图3-24)。

9. 2012年9月13日

(1) 同学王玺借款,支出现金100元(原始凭证:同学写的"借条"一张,见图3-25、图3-26)。

(2) 收到学校发放的生活补助费,现金30元(原始凭证:田犁自制的"收条"一张,见图3-27、图3-28)。

10. 2012年9月15日

(1) 购买校服,支出现金150元(原始凭证:学校开具的"收据"一张,见图3-29、图3-30)。

(2) 高中同学来玩,在学校食堂请他吃饭,支出现金25元(原始凭证:田犁自制的便条一张,见图3-31、图3-32)。

11. 2012 年 9 月 16 日

参加校外举办的励志讲座，支付费用 20 元(原始凭证：举办单位开具的"收据"一张，见图 3-33、图 3-34)。

12. 2012 年 9 月 17 日

(1) 同班同学一起到 KTV 唱歌，分担费用 15 元(原始凭证：田犁自制的便条一张，见图 3-35、图 3-36)。

(2) 交纳第一学期住宿费的押金，支出现金 500 元(原始凭证：学校开具的"收据"一张，见图 3-37、图 3-38)。

13. 2012 年 9 月 18 日

收回王玺同学的借款，现金 100 元(原始凭证：田犁写的"收据"一张，见图 3-39、图 3-40)。

14. 2012 年 9 月 19 日

(1) 同学暂且为田犁垫付班级活动费 10 元(原始凭证：田犁写的"收据"一张，见图 3-41、图 3-42)。

(2) 勤工俭学，负责打扫食堂餐厅卫生，为此购买了手套、口罩、帽子劳动工具，共支出现金 21 元(原始凭证：田犁自制的便条一张，见图 3-43、图 3-44)。

15. 2012 年 9 月 28 日

收到学校餐厅支付的打扫餐厅的工时费，共计现金 120 元(原始凭证：田犁自制的"收据"一张，见图 3-45、图 3-46)。

16. 2012 年 9 月 29 日

将多余的现金 2 000 元存入工商银行的账户中(原始凭证：银行回执一份，见图 3-47、图 3-48)。

17. 2012 年 9 月 30 日

(1) 计算本月生活高值物品手提电脑的使用折旧费(原始凭证：田犁写的"折旧计算单"一份，见图 3-49、图 3-50)。

(2) 月底饭卡中还有余额 42 元；电话卡余额还有 25 元(原始凭证：田犁写的"证明条"一张，见图 3-51、图 3-52)。

以上剩余的金额因为并未消费，所以应该从"生活现金支出"里扣除。

(3) 参加校外演讲训练班，预付 4 个月的费用 500 元，从 10 月开始，每周日上课(原始凭证：银行回执一份，见图 3-53、图 3-54)。

(4) 月底结转全部收入、支出到"本年收支结余"明细科目(见图 3-55~图 3-57)。

（三）根据原始凭证填制记账凭证(见图 3-1～图 3-57)

总 号	1
分 号	

记 账 凭 证

2012 年 9 月 1 日

摘　要	编号	总账科目	明细科目	记账	借方金额 千 百 十 万 千 百 十 元 角 分	贷方金额 千 百 十 万 千 百 十 元 角 分
父母给钱		现金结存	现金	√	4 0 0 0 0 0	
		现金收入	父母现金收入	√		4 0 0 0 0 0
附件：　1　张		合　计　金　额			4 0 0 0 0 0	4 0 0 0 0 0

屏　核　　　操　机　　　记　账　田犁　稽　核　　　出　纳　田犁　　制　证　田犁

图 3-1　收到生活费的记账凭证

收 据　　　№ 0040897

单位：田园　　　　　　　　　　　　　　　　2012 年 9 月 1 日

品　　　名	单位	数　量	单　价	金　额 十 万 千 百 十 元 角 分	备　注
收到父母生活费				￥ 4 0 0 0 0 0	
合 计 (大写) 零拾零万肆仟零佰零拾零元零角零分				￥ 4000.00	

负责人　　　　　　　　　　　　　　制单：田犁

第二联　记账联

图 3-2　收到生活费的原始凭证

总 号	2
分 号	

记 账 凭 证

2012 年 9 月 1 日

摘　要	编号	总账科目	明细科目	记账	借方金额 千 百 十 万 千 百 十 元 角 分	贷方金额 千 百 十 万 千 百 十 元 角 分
父母给手提电脑		实物结存	生活高值物品结存	√	3 5 0 0 0 0	
		实物收入	父母实物收入	√		3 5 0 0 0 0
附件：　1　张		合　计　金　额			3 5 0 0 0 0	3 5 0 0 0 0

屏　核　　　操　机　　　记　账　田犁　稽　核　　　出　纳　田犁　　制　证　田犁

图 3-3　收到电脑的记账凭证

收　　据　　№ 0040889

单位：田园　　　　2012 年 9 月 1 日

品　　名	单位	数　量	单　价	金额 十	万	千	百	十	元	角	分	备　注
收到父母给的手提电脑					¥	3	5	0	0	0	0	
合计（大写）零拾零万叁仟伍佰零拾零元零角零分				¥ 3500.00								

第二联　记帐联

负责人　　　　制单：田犁

图 3-4　收到电脑的原始凭证

记　账　凭　证

总号	3
分号	

2012年　9　月　1　日

摘　要	编　号	总账科目	明细科目	记账	借方金额 千	百	十	万	千	百	十	元	角	分	贷方金额 千	百	十	万	千	百	十	元	角	分
父母给被褥		实物支出	生活实物支出	√						1	5	0	0	0										
		实物收入	父母实物收入	√																1	5	0	0	0
附件：　1　张		合　计　金　额								1	5	0	0	0						1	5	0	0	0

屏　核　　操　机　　记　账 田犁　　稽　核　　出　纳　田犁　　制　证 田犁

图 3-5　收到被褥的记账凭证

收　　据　　№ 0040900

单位：田园　　　　2012 年 9 月 1 日

品　　名	单位	数　量	单　价	金额 十	万	千	百	十	元	角	分	备　注
收到父母被褥	套	1				¥	1	5	0	0	0	
合计（大写）零拾零万零仟壹佰伍拾零元零角零分				¥ 150.00								

第二联　记账联

负责人　　　　制单：田犁

图 3-6　收到被褥的原始凭证

记 账 凭 证

总号	4
分号	

2012 年 9 月 1 日

摘 要	编号	总账科目	明细科目	记账	借 方 金 额								贷 方 金 额							
					千	百	十	万	千	百	十	元	角	分	千	百	十	万	千	百	十	元	角	分
姐姐送给旅行箱一个、		实物支出	生活实物支出	√					4	8	8	0	0											
手机一部		实物收入	他人实物收入	√															4	8	8	0	0	
附件: 3 张		合 计 金 额							4	8	8	0	0							4	8	8	0	0	

屏核　　操机　　记账 田犁　稽核　　出纳 田犁　制证 田犁

图 3-7　收到姐姐的礼物的记账凭证

收 据　　№ 0040901

单位：田耕　　　　　　　　　　　　　2012 年 9 月 1 日

品　名	单位	数量	单价	金　额							备 注	
				十	万	千	百	十	元	角	分	
收到姐姐旅行箱、	个	1					¥	8	8	0	0	第二联 记账联
手机	部	1				¥	4	0	0	0	0	
合 计（大写）零拾零万零仟肆佰捌拾捌元零角零分				¥ 488.00								

负责人　　　　　　　　　　　　　　　　制单：田犁

图 3-8　收到姐姐的礼物的原始凭证

记 账 凭 证

总号	5
分号	

2012 年 9 月 2 日

摘 要	编号	总账科目	明细科目	记账	借 方 金 额								贷 方 金 额							
					千	百	十	万	千	百	十	元	角	分	千	百	十	万	千	百	十	元	角	分
向学校交学费		现金支出	学习现金支出	√				4	0	0	0	0	0											
		现金结存	现 金	√														4	0	0	0	0	0	
附件: 1 张		合 计 金 额						4	0	0	0	0	0						4	0	0	0	0	0	

屏核　　操机　　记账 田犁　稽核　　出纳 田犁　制证 田犁

图 3-9　交学费的记账凭证

山东省非税收入收款收据 4 No:**121130418056**

填制日期 20/2 年9月 2日 　　　　执收单位名称: *济南大学*

缴款人: *田犁* 　　　　执收单位编码:

项目编码	项目名称	单位	数量	收费标准	金额
	收学习费用				4000.00

合计金额人民币 (大写) *肆仟元整* 　　　　(小写) *4000.00*

此联执收单位盖章有效。

校验码: 　　　　　　　　　制单: *崔英杰*

图 3-10 交学费的原始凭证

记 账 凭 证

总号	6
分号	

2012年 9 月 3 日

摘　　要	编号	总账科目	明细科目	记账	借 方 金 额										贷 方 金 额									
					千	百	十	万	千	百	十	元	角	分	千	百	十	万	千	百	十	元	角	分
向姐姐借钱		现金结存	现 金	√				4	0	0	0	0	0											
		应付款项	应付现金	√														4	0	0	0	0	0	
附件: 1 张		合 计 金 额						4	0	0	0	0	0					4	0	0	0	0	0	

屏核 　　操机 　　记账 田犁 稽核 　　　出纳 田犁 制 证 田犁

图 3-11 向姐姐借钱的记账凭证

收 据 　　№ 0040898

单位: *姐姐田耕* 　　　　　　　2012年 9 月 3 日

品　　名	单位	数量	单价	金　　额							备 注
				十	万	千	百	十	元	角	分	
借姐姐的现金				¥	4	0	0	0	0	0		
合计(大写)零拾零万肆仟零佰零拾零元零角零分				¥ 4000.00								

负责人 　　　　　　　制单: *田犁*

图 3-12 向姐姐借钱的原始凭证

记 账 凭 证

2012年 9 月 3 日

总号	7
分号	

摘　要	编号	总账科目	明细科目	记账	借方金额 千百十万千百十元角分	贷方金额 千百十万千百十元角分
购饭卡和充值		现金支出	生活现金支出	√	6 0 0 0 0	
		现金结存	现　金	√		6 0 0 0 0
附件：　1　张		合　计　金　额			6 0 0 0 0	6 0 0 0 0

屏核　　　操机　　　记账 田犁　稽核　　　出纳 田犁　制证 田犁

图 3-13　购买饭卡并充值的记账凭证

收　据　　　№ 0040884

单位：田犁　　　　　　　　　　　　　　　2012年 9 月 3 日

品　名	单位	数量	单价	金　额 十万千百十元角分	备注
购饭卡及充值				￥6 0 0 0 0	第三联 交客户
合计（大写）零拾零万零仟陆佰零拾零元零角零分				￥600.00	

负责人　　　　　　　　　　　　　　制单：李华

图 3-14　购买饭卡并充值的原始凭证

记 账 凭 证

2012年 9 月 5 日

总号	8
分号	

摘　要	编号	总账科目	明细科目	记账	借方金额 千百十万千百十元角分	贷方金额 千百十万千百十元角分
购洗衣粉、香皂		现金支出	生活现金支出	√	7 4 5 0	
暖瓶、毛巾		现金结存	现　金	√		7 4 5 0
附件：　1　张		合　计　金　额			7 4 5 0	7 4 5 0

屏核　　　操机　　　记账 田犁　稽核　　　出纳 田犁　制证 田犁

图 3-15　购买日常生活用品的记账凭证

山东省国家税务局通用机打发票

山东省
国税局局标

优票联

2012年09月05日18:05
发票代码137071130101
发票号码24289440

客户名称
06932835374312 碧浪洗衣粉
15.35* 2   30.70
06922577700074 护肤佳香皂
5.90* 2   11.80
06952897100018 怡然暖瓶
14.00* 1   14.00
06918717640034 孚日家纺毛巾
9.00* 2   18.00

小 计   74.50

页02 小计   74.50
优惠金额   0.00   实收金额   0.00
应收金额   74.50   找零   0.00

370705684814995
发票专用章

密码:

鲁国税发票字[2012]0185号卷款24万×20份×（76×152）
山东多利达印务有限公司2012年07月印

图3-16 购买日常生活用品的原始凭证

记 账 凭 证

2012年 9 月 8 日

总号	9
分号	

摘　　要	编　号	总账科目	明细科目	记账	借 方 金 额										贷 方 金 额									
					千	百	十	万	千	百	十	元	角	分	千	百	十	万	千	百	十	元	角	分
购台灯一个		现金支出	生活现金支出	√							2	5	0	0										
现金结存		现金结存	现 金	√																	2	5	0	0
附件: 1 张			合 计 金 额								2	5	0	0							2	5	0	0

屏核　　　操机　　　记账 田犁　稽核　　　　出纳 田犁　　制证 田犁

图3-17 购买台灯的记账凭证

购买台灯自制原始凭证

购买台灯一个，支付现金25.00元。

田 犁

2012年9月8日

图3-18　购买台灯的原始凭证

记 账 凭 证

2012年 9 月 10 日

总号	10
分号	

摘　　要	编号	总账科目	明细科目	记账	借 方 金 额									贷 方 金 额								
---	---	---	---	---	千	百	十	万	千	百	十	元	角	分	千	百	十	万	千	百	十	元	角	分
交书费、学杂费		现金支出	学习现金支出	√					3	0	0	0	0											
		现金结存	现　金	√															3	0	0	0	0
附件：　　1　　张		合　计　金　额							3	0	0	0	0							3	0	0	0	0

屏核　　　操机　　　记账 田犁　稽核　　　出纳 田犁　制证 田犁

图3-19　支付书费、学杂费的记账凭证

收　据

№ 0040885

单位：田犁

2012 年 9 月 10 日

品　　　名	单位	数量	单价	金　　额							备注
				十万	千	百	十	元	角	分	
收书费、学杂费				￥	3	0	0	0	0		

合 计（大写）零拾零万零仟叁佰零拾零元零角零分　　￥300.00

负责人　　　　　　　　　　　　　制单：李华

第三联　交客户

图3-20　支付书费、学杂费的原始凭证

记 账 凭 证

2012 年 9 月 11 日

摘　　要	编号	总账科目	明细科目	记账	借 方 金 额									贷 方 金 额								
					千	百	十	万	千	百	十	元	角	分	千	百	十	万	千	百	十	元	角	分
手机电话充值		现金支出	生活现金支出	√					1	0	0	0	0										
		现金结存	现　金	√															1	0	0	0	0	
附件： 1 张		合 计 金 额							1	0	0	0	0							1	0	0	0	0	

屏核　　　操机　　　记账 田犁　稽核　　　　出纳 田犁　制证 田犁

图 3-21　电话卡充值的记账凭证

图 3-22　电话卡充值的原始凭证

记 账 凭 证

2012年 9 月 12 日

	总号	12
	分号	

摘　　要	编　号	总账科目	明细科目	记账	借 方 金 额									贷 方 金 额								
					千	百	十	万	千	百	十	元	角	分	千	百	十	万	千	百	十	元	角	分
购本子、笔、计算器		现金支出	学习现金支出	√						5	2	0	0										
		现金结存	现 金	√																5	2	0	0
附件：　1　　张		合　计　金　额								5	2	0	0								5	2	0	0

屏　核　　　操　机　　　记　账　田犁　稽　核　　　　　出　纳　田犁　　制　证　田犁

图 3-23　购买学习用品的记账凭证

欢迎光临
山东省新华书店
文化路书城

单号：WFKWO25791
时间：2012.09.12 18:32:08　　　工号：kwts02

软皮本
9771002555065　　　6.00　　　5　　30.00

晨光签字笔
9771002596027　　　10.00　　1　　10.00

华星计算器
9771003752002　　　12.00　　1　　12.00

实收　　现金：52.00　　　总计：52.00
　　　　找零：00.00　　　应收：52.00

谢谢惠顾
欢迎再来

图 3-24　购买学习用品的原始凭证

记 账 凭 证

2012年　9 月　13 日

总号	13
分号	

摘　　要	编号	总账科目	明细科目	记账	借方金额	贷方金额
					千百十万千百十元角分	千百十万千百十元角分
同学王玺借款		应收款项	应收现金	√	10000	
		现金结存	现金	√		10000
附件：　　1　　张		合　计　金　额			10000	10000

屏核　　　操机　　　记账 田犁　稽核　　　　出纳 田犁　　制证 田犁

图 3-25　同学借款的记账凭证

收　据　№ 0040886

单位：田犁　　　　　　　　　　　　　2012 年　9 月　13 日

品　　　名	单位	数量	单价	金额	备注
				十万千百十元角分	
收到田犁同学借款				￥10000	
合计（大写）零拾零万零仟壹佰零拾零元零角零分				￥100.00	

负责人　　　　　　　　　　　　制单：王玺

第三联　交客户

图 3-26　同学借款的原始凭证

记 账 凭 证

2012年　9 月　13 日

总号	14
分号	

摘　　要	编号	总账科目	明细科目	记账	借方金额	贷方金额
					千百十万千百十元角分	千百十万千百十元角分
学校发生活补助费		现金结存	现金	√	3000	
		现金收入	其他现金收入	√		3000
附件：　　1　　张		合　计　金　额			3000	3000

屏核　　　操机　　　记账 田犁　稽核　　　　出纳　田犁　　制证 田犁

图 3-27　收到学校发放的补助费的记账凭证

收　条

收到学校发放的补助费，现金 30.00 元。

田　犁

2012 年 9 月 13 日

图 3-28　收到学校发放的补助费的原始凭证

记　账　凭　证

<table>
<tr><td colspan="7">2012年　9 月 15 日</td><td>总号</td><td>15</td></tr>
<tr><td></td><td></td><td></td><td></td><td></td><td></td><td></td><td>分号</td><td></td></tr>
</table>

摘　　要	编　号	总账科目	明细科目	记账	借　方　金　额 千百十万千百十元角分	贷　方　金　额 千百十万千百十元角分
购校服二套		现金支出	生活现金支出	√	15000	
		现金结存	现金	√		15000
附件：　1　张		合　计　金　额			15000	15000

屏核　　　操机　　　记账 田犁　稽核　　　　出纳 田犁　制证 田犁

图 3-29　购买校服的记账凭证

收　据　　No 0040887

单位：田犁　　　　　　　　　2012 年 9 月 15 日

品　　名	单位	数量	单价	金　额 十万千百十元角分	备注
购买校服款（二套）				￥15000	第三联 交客户
合计（大写）零拾零万零仟壹佰伍拾零元零角零分			￥150.00		

负责人　　　　　　　　　　　制单：李华

图 3-30　购买校服的原始凭证

记 账 凭 证

2012年 9 月 15 日

总号	16
分号	

摘　　　要	编号	总账科目	明细科目	记账	借 方 金 额									贷 方 金 额								
					千	百	十	万	千	百	十	元	角	分	千	百	十	万	千	百	十	元	角	分
同学来玩饭费		现金支出	交往现金支出	√							2	5	0	0										
		现金结存	现 金	√																	2	5	0	0
附件： 1 张		合 计 金 额									2	5	0	0							2	5	0	0

屏核　　　操机　　　记账 田犁　稽核　　　　　　出 纳 田犁　　制 证 田犁

图 3-31　招待费的记账凭证

招待同学费用凭证

同学来访，招待同学支付现金 25.00 元。

田　犁

2012 年 9 月 15 日

图 3-32　招待费的原始凭证

记 账 凭 证

2012年 9 月 16 日

总号	17
分号	

摘　　　要	编号	总账科目	明细科目	记账	借 方 金 额									贷 方 金 额								
					千	百	十	万	千	百	十	元	角	分	千	百	十	万	千	百	十	元	角	分
校外听励志讲座		现金支出	发展现金支出	√							2	0	0	0										
		现金结存	现 金	√																	2	0	0	0
附件： 1 张		合 计 金 额									2	0	0	0							2	0	0	0

屏核　　　操机　　　记账 田犁　稽核　　　　　　出 纳 田犁　　制 证 田犁

图 3-33　校外学习的记账凭证

收　据　№ 0040888

单位：田犁　　　　　　　　　　　　2012年 9 月 16 日

品　名	单位	数量	单价	金　额 十万千百十元角分	备　注
收励志讲座费用				￥2000	
合计（大写）零拾零万零仟零佰贰拾零元零角零分				￥ 20.00	

负责人　　　　　　　　　　　　　制单：王英

第三联　交客户

图 3-34　校外学习的原始凭证

记　账　凭　证

总号	18
分号	

2012年 9 月 17 日

摘　要	编号	总账科目	明细科目	记账	借方金额 千百十万千百十元角分	贷方金额 千百十万千百十元角分
KTV唱歌		现金支出	娱乐现金支出	√	1500	
		现金结存	现　金	√		1500
附件：　1　张		合　计　金　额			1500	1500

屏核　　操机　　记账 田犁 稽核　　　出纳 田犁　制证 田犁

图 3-35　唱歌费用的记账凭证

KTV 娱乐费用自制凭证

与同学一起去 KTV 唱歌，分担费用 15.00 元。

田　犁

2012 年 9 月 17 日

图 3-36　唱歌费用的原始凭证

记 账 凭 证

2012年 9 月 17 日

摘 要	编号	总账科目	明细科目	记账	借 方 金 额 千百十万千百十元角分	贷 方 金 额 千百十万千百十元角分
交住宿押金		应收款项	应收现金(押金)	√	50000	
		现金结存	现金	√		50000
附件: 1 张		合 计 金 额			50000	50000

屏 核 操 机 记 账 田犁 稽 核 出 纳 田犁 制 证 田犁

图 3-37 住宿押金的记账凭证

收 据 № 0040882

单位: 田犁

2012年 9 月 17 日

品 名	单位	数量	单价	金 额 十万千百十元角分	备 注
收到住宿押金				¥50000	
合 计(大写)零拾零万零仟伍佰零拾零元零角零分				¥500.00	

负责人 制单:李华

第三联 交客户

图 3-38 住宿押金的原始凭证

记 账 凭 证

2012年 9 月 18 日

摘 要	编号	总账科目	明细科目	记账	借 方 金 额 千百十万千百十元角分	贷 方 金 额 千百十万千百十元角分
收回王玺借款		现金结存	现 金	√	10000	
		应收款项	应收现金	√		10000
附件: 1 张		合 计 金 额			10000	10000

屏 核 操 机 记 账 田犁 稽 核 出 纳 田犁 制 证 田犁

图 3-39 收回同学借款的记账凭证

收　据　　№ 0040889

单位：王玺　　　　　　　　　　　2012 年 9 月 18 日

品　　名	单位	数量	单价	金　　额 十 万 千 百 十 元 角 分	备 注
收回同学借款				¥ 1 0 0 0 0	
合计（大写）零拾零万零仟壹佰零拾零元零角零分				¥ 100.00	
负责人				制单：田犁	

第二联　记帐联

图 3-40　收回同学借款的原始凭证

记　账　凭　证

总号	21
分号	

2012 年 9 月 19 日

摘　　　要	编　号	总账科目	明细科目	记账	借 方 金 额 千 百 十 万 千 百 十 元 角 分	贷 方 金 额 千 百 十 万 千 百 十 元 角 分
同学代付班级活动费		现金支出	学习现金支出	√	1 0 0 0	
		应付款项	应付现金	√		1 0 0 0
附件：　1　张		合　计　金　额			1 0 0 0	1 0 0 0

屏　核　　　操　机　　　记账 田犁　稽　核　　　出　纳 田犁　制　证 田犁

图 3-41　同学垫付费用的记账凭证

收　据　　№ 0040890

单位：王玺　　　　　　　　　　　2012 年 9 月 19 日

品　　名	单位	数量	单价	金　　额 十 万 千 百 十 元 角 分	备 注
同学代垫班级活动费				¥ 1 0 0 0	
合计（大写）零拾零万零仟零佰壹拾零元零角零分				¥ 10.00	
负责人				制单：田犁	

第二联　记帐联

图 3-42　同学垫付费用的原始凭证

记 账 凭 证

总号 22
分号

2012 年 9 月 19 日

摘　　要	编号	总账科目	明细科目	记账	借方金额 千百十万千百十元角分	贷方金额 千百十万千百十元角分
勤工助学，买卫生用具		投资经营支出	投资经营现金支出	√	2 1 0 0	
		现金结存	现金	√		2 1 0 0
手套、口罩、帽子						
附件：　1　张		合　计　金　额			2 1 0 0	2 1 0 0

屏 核　　　　操 机　　　　记 账 田犁 稽 核　　　　出 纳 田犁 制 证 田犁

图 3-43　购买劳动工具的记账凭证

购买劳动工具费用自制凭证

到自由市场购买劳动工具，包括手套、口罩、帽子，共支付现金 21.00 元。

田 犁

2012 年 9 月 19 日

图 3-44　购买劳动工具的原始凭证

记 账 凭 证

总号 23
分号

2012 年 9 月 28 日

摘　　要	编号	总账科目	明细科目	记账	借方金额 千百十万千百十元角分	贷方金额 千百十万千百十元角分
收到勤工助学收入		现金结存	现金	√	1 2 0 0 0	
（打扫卫生）		投资经营收入	投资经营现金收入	√		1 2 0 0 0
附件：　1　张		合　计　金　额			1 2 0 0 0	1 2 0 0 0

屏 核　　　　操 机　　　　记 账 田犁 稽 核　　　　出 纳 田犁 制 证 田犁

图 3-45　勤工俭学收入的记账凭证

收 据　　№ 0040893

单位：济南大学

2012 年 9 月 28 日

品　　名	单位	数量	单价	金　　额 十万千百十元角分	备　注
收到打扫卫生收入				¥120 00	
合计（大写）零拾零万零仟壹佰贰拾零元零角零分				¥120.00	

第二联　记账联

负责人　　　　　　　　　　　　制单：田犁

图 3-46　勤工俭学收入的原始凭证

记 账 凭 证

2012年 9 月 29 日

总号	24
分号	

摘　　　要	编号	总账科目	明细科目	记账	借 方 金 额 千百十万千百十元角分	贷 方 金 额 千百十万千百十元角分
现金存银行		现金结存	银行存款(工行)	√	2 0 0 0 0 0	
		现金结存	现　金	√		2 0 0 0 0 0
附件：　1　张		合　计　金　额			2 0 0 0 0 0	2 0 0 0 0 0

屏核　　　操机　　　记账 田犁 稽核　　　出 纳 田犁 制 证 田犁

图 3-47　现金存入银行的记账凭证

ICBC 🏛 中国工商银行

个人业务凭证（签单）
PERSONAL BANKING BUSINESS VOUCHER(FOR SIGNING)

日期:2012-09-29
户名：田犁
账号:1607001501102814865
币种:RMB
存款金额:2000.00
网点号:0705　柜员号:03576

副联　客户留存

（中国工商银行股份有限公司文化路支行
2012.09.29
核算用章(04)
单丽锦）

图 3-48　现金存入银行的原始凭证

记 账 凭 证

总号	25
分号	

2012 年　9 月 30 日

摘　　要	编　号	总账科目	明细科目	记账	借方金额 千百十万千百十元角分	贷方金额 千百十万千百十元角分
电脑计提折旧		实物支出	学习实物支出	√	5 5 4 2	
(预计使用5年，5%		实物结存	生活高值物品折旧	√		5 5 4 2
残值率)						
附件：　1　张		合　计　金　额			5 5 4 2	5 5 4 2

屏　核　　操　机　　记　账 田犁　稽　核　　出　纳 田犁　制　证 田犁

图 3-49　计算高值物品折旧的记账凭证

计算提取电脑使用折旧费用自制凭证

手提电脑的原始价值为 3 500.00 元，按国家规定预计使用 5 年，净残值率为 5%。电脑每月的使用折旧费如下：

3 500×(1－5%)÷5÷12＝55.42 元/月

田　犁

2012 年 9 月 30 日

图 3-50　计算高值物品折旧的原始凭证

记　账　凭　证

2012 年　9 月 30 日

总号	26
分号	

摘　　要	编号	总账科目	明细科目	记账	借　方　金　额										贷　方　金　额								
					千	百	十	万	千	百	十	元	角	分	千	百	十	万	千	百	十	元	角	分
月底饭卡、电话卡		现金结存	其他货币资金(饭卡)								4	2	0	0										
剩余余额冲减支出		现金结存	其他货币资金(电话卡)								2	5	0	0										
		现金支出	生活现金支出	√																	6	7	0	0
附件：　1　张		合　计　金　额									6	7	0	0							6	7	0	0

屏核　　操机　　记账 田犁　稽核　　　出纳 田犁　制证 田犁

图 3-51　月末饭卡、电话卡余额的记账凭证

月末饭卡、电话卡余额自制凭证

截至 2012 年 9 月 30 日，经过查询，饭卡余额为肆拾贰元整(42.00 元)，电话卡余额为贰拾伍元整(25.00 元)，合计金额为 67.00 元。

田　犁

2012 年 9 月 30 日

图 3-52　月末饭卡、电话卡余额的原始凭证

记 账 凭 证

2012年 9 月 30 日

摘 要	编号	总账科目	明细科目	记账	借 方 金 额									贷 方 金 额								
					千	百	十	万	千	百	十	元	角	分	千	百	十	万	千	百	十	元	角	分
预付校外演讲		待摊费用	演讲费					5	0	0	0	0												
训练班4个月的费用		现金结存	银行存款															5	0	0	0	0		
附件： 1 张		合 计 金 额						5	0	0	0	0						5	0	0	0	0		

屏核　　　操机　　　记账 田犁　稽核　　　　出纳 田犁　制证 田犁

图 3-53　预付演讲训练班费用的记账凭证

图 3-54　预付演讲训练班费用的原始凭证

记 账 凭 证

2012 年 9 月 30 日

总号	28
分号	

摘　　　要	编号	总账科目	明细科目	记账	借方金额	贷方金额
收入结转本年收支结余		现金收入	父母现金收入	√	4 0 0 0 0 0	
		现金收入	其他现金收入	√	3 0 0 0	
		实物收入	父母实物收入	√	3 6 5 0 0 0	
		实物收入	他人实物收入	√	4 8 8 0 0	
		投资经营收入	投资经营现金收入	√	1 2 0 0 0	
		累计收支结余	本年收支结余	√		8 2 8 8 0 0
附件：　　　张		合　计　金　额			8 2 8 8 0 0	8 2 8 8 0 0

屏　核　　　操　机　　　记　账　田犁　稽　核　　　　出　纳　田犁　　制　证　田犁

图 3-55　收入结转"本年收支结余"记账凭证

记 账 凭 证

2012 年 9 月 30 日

总号	29½
分号	

摘　　　要	编号	总账科目	明细科目	记账	借方金额	贷方金额
支出结转本年收支结余		累计收支结余	本年收支结余	√	6 0 1 8 9 2	
		现金支出	学习现金支出	√		4 3 6 2 0 0
		现金支出	发展现金支出	√		2 0 0 0
		现金支出	生活现金支出	√		8 8 2 5 0
		现金支出	娱乐现金支出	√		1 5 0 0
		现金支出	交往现金支出	√		2 5 0 0
附件：　　　张		合　计　金　额			6 0 1 8 9 2	5 3 0 4 5 0

屏　核　　　操　机　　　记　账　田犁　稽　核　　　　出　纳　田犁　　制　证　田犁

图 3-56　支出结转"本年收支结余"记账凭证(1)

记 账 凭 证

2012 年　9 月　30 日

总号	29½
分号	

摘　　　要	编号	总账科目	明细科目	记账	借 方 金 额	贷 方 金 额
					千百十万千百十元角分	千百十万千百十元角分
		实物支出	生活实物支出	√		6 3 8 0 0
		实物支出	学习实物支出	√		5 5 4 2
		投资经营支出	投资经营现金支出	√		2 1 0 0
附件：　　　张		合 计 金 额			6 0 1 8 9 2	6 0 1 8 9 2

屏　核　　　　操　机　　　记账 田犂　稽　核　　　出　纳 田犂　　制　证 田犂

图 3-57　支出结转"本年收支结余"记账凭证(2)

(四) 设置明细账，并将全部记账凭证登记明细账(见图 3-58～图 3-79)

父母现金收入 明 细 账

	一级科目	现金收入
第 1 页	二级科目或明细科目	父母现金收入

父母现金收入

2012年		记账凭证		摘　　　要	借(收)方	贷(付)方	收借或付贷	余　　额
月	日	种类	号数		亿千百十万千百十元角分	亿千百十万千百十元角分		亿千百十万千百十元角分
9	1		1	父母给钱		4 0 0 0 0 0	贷	4 0 0 0 0 0
9	30		28	收入结转本年结余	4 0 0 0 0 0			0 0 0
				本月合计	4 0 0 0 0 0	4 0 0 0 0 0		0 0 0

图 3-58　"父母现金收入"科目明细账账页

其他现金收入 明 细 账

	第 2 页
一级科目	现金收入
二级科目或明细科目	其他现金收入

2012年 月	日	记账凭证 种类	号数	摘 要	借(收)方 亿	千	百	十	万	千	百	十	元	角	分	贷(付)方 亿	千	百	十	万	千	百	十	元	角	分	收借或付贷	余 额 亿	千	百	十	万	千	百	十	元	角	分
9	13		14	学校发补助款																			3	0	0	0	贷								3	0	0	0
9	30		28	收入结转本年结余								3	0	0	0																				0	0	0
				本月合计								3	0	0	0								3	0	0	0									0	0	0

图 3-59 "其他现金收入"科目明细账账页

父母实物收入 明 细 账

	第 3 页
一级科目	实物收入
二级科目或明细科目	父母实物收入

2012年 月	日	记账凭证 种类	号数	摘 要	借(收)方 亿	千	百	十	万	千	百	十	元	角	分	贷(付)方 亿	千	百	十	万	千	百	十	元	角	分	收借或付贷	余 额 亿	千	百	十	万	千	百	十	元	角	分
9	1		2	父母给手提电脑																	3	5	0	0	0	0	贷							3	5	0	0	0	0
9	1		3	父母给被褥																		1	5	0	0	0	贷							3	6	5	0	0	0
9	30		28	收入结转本年结余							3	6	5	0	0	0																				0	0	0
				本月合计							3	6	5	0	0	0						3	6	5	0	0	0									0	0	0

图 3-60 "父母实物收入"科目明细账账页

他人实物收入 明 细 账

一级科目	实物收入
二级科目或明细科目	他人实物收入

2012年 月	日	记账凭证 种类	号数	摘要	借(收)方	贷(付)方	收借或付贷	余额
9	1		4	姐姐给旅行箱、手机		48800	贷	48800
9	30		28	收入结转本年结余	48800			000
				本月合计	48800	48800		000

图 3-61　"他人实物收入"科目明细账账页

生活现金支出 明 细 账

一级科目	现金支出
二级科目或明细科目	生活现金支出

2012年 月	日	记账凭证 种类	号数	摘要	借(收)方	贷(付)方	收借或付贷	余额
9	3		7	购饭卡并充值	60000		借	60000
9	5		8	购暖瓶等生活用品	7450		借	67450
9	8		9	购台灯	2500		借	69950
9	11		11	购手机卡充值	10000		借	79950
9	15		15	购校服二套	15000		借	94950
9	30		26	冲月末饭卡、电话卡余额		6700	借	88250
9	30		29	支出结转本年结余		88250		000
				本月合计	94950	94950		000

图 3-62　"生活现金支出"科目明细账账页

学习现金支出 **明 细 账**

一 级 科 目	现金支出
二级科目或明细科目	学习现金支出

第 6 页

2012年 月	日	记账凭证 种类	号数	摘　　要	借(收)方 亿千百十万千百十元角分	贷(付)方 亿千百十万千百十元角分	收借或付贷	余　额 亿千百十万千百十元角分
9	2		5	向学校交学费	4 0 0 0 0 0		借	4 0 0 0 0 0
9	10		10	交书费、学杂费	3 0 0 0 0		借	4 3 0 0 0 0
9	12		12	购本子、笔、计算器	5 2 0 0		借	4 3 5 2 0 0
9	19		21	班级活动费	1 0 0 0		借	4 3 6 2 0 0
9	30		29	支出结转本年结余		4 3 6 2 0 0		0 0 0
				本月合计	4 3 6 2 0 0	4 3 6 2 0 0		0 0 0

图 3-63　"学习现金支出"科目明细账账页

发展现金支出 **明 细 账**

一 级 科 目	现金支出
二级科目或明细科目	发展现金支出

第 7 页

2012年 月	日	记账凭证 种类	号数	摘　　要	借(收)方 亿千百十万千百十元角分	贷(付)方 亿千百十万千百十元角分	收借或付贷	余　额 亿千百十万千百十元角分
9	16		17	校外听励志讲座	2 0 0 0		借	2 0 0 0
9	30		29	支出结转本年结余		2 0 0 0		0 0 0
				本月合计	2 0 0 0	2 0 0 0		0 0 0

图 3-64　"发展现金支出"科目明细账账页

娱乐现金支出 **明 细 账**

		第 8 页
一 级 科 目		现金支出
二级科目或明细科目		娱乐现金支出

2012年		记账凭证		摘 要	借(收)方										贷(付)方										收借或付贷	余 额									
月	日	种类	号数		亿	千	百	十	万	千	百	十	元	角	分	亿	千	百	十	万	千	百	十	元	角	分		亿	千	百	十	万	千	百	十	元	角	分
9	17		18	KTV唱歌							1	5	0	0													借							1	5	0	0	
9	30		29	支出结转本年结余																		1	5	0	0										0	0	0	
				本月合计							1	5	0	0								1	5	0	0										0	0	0	

图 3-65 "娱乐现金支出"科目明细账账页

交往现金支出 **明 细 账**

		第 9 页
一 级 科 目		现金支出
二级科目或明细科目		交往现金支出

2012年		记账凭证		摘 要	借(收)方										贷(付)方										收借或付贷	余 额									
月	日	种类	号数		亿	千	百	十	万	千	百	十	元	角	分	亿	千	百	十	万	千	百	十	元	角	分		亿	千	百	十	万	千	百	十	元	角	分
9	15		16	同学聚餐费用							2	5	0	0													借							2	5	0	0	
9	30		29	支出结转本年结余																		2	5	0	0										0	0	0	
				本月合计							2	5	0	0								2	5	0	0										0	0	0	

图 3-66 "交往现金支出"科目明细账账页

生活实物支出 明 细 账

一级科目	实物支出
二级科目或明细科目	生活实物支出

第 10 页

2012年 月	日	记账凭证 种类	号数	摘　　要	借（收）方 亿千百十万千百十元角分	贷（付）方 亿千百十万千百十元角分	收借或付贷	余　额 亿千百十万千百十元角分
9	1		3	父母给被褥	15000		借	15000
9	1		4	姐姐送手机、旅行箱	48800		借	63800
9	30		29	支出结转本年结余		63800		000
				本月合计	63800	63800		000

图 3-67　"生活实物支出"科目明细账账页

学习实物支出 明 细 账

一级科目	实物支出
二级科目或明细科目	学习实物支出

第 11 页

2012年 月	日	记账凭证 种类	号数	摘　　要	借（收）方 亿千百十万千百十元角分	贷（付）方 亿千百十万千百十元角分	收借或付贷	余　额 亿千百十万千百十元角分
9	30		25	电脑计提使用折旧	5542		借	5542
9	30		29	支出结转本年结余		5542		000
				本月合计	5542	5542		000

图 3-68　"学习实物支出"科目明细账账页

应收现金　明细账

第 12 页

| 一　级　科　目 | 应收款项 |
| 二级科目或明细科目 | 应收现金 |

2012年 月	日	记账凭证 种类	号数	摘　　要	借(收)方 亿千百十万千百十元角分	贷(付)方 亿千百十万千百十元角分	收借或付贷	余　额 亿千百十万千百十元角分
9	13		13	同学王玺借款	10000		借	10000
9	17		19	交住宿押金	50000		借	60000
9	18		20	收回王玺借款		10000	借	50000
				本月合计	60000	10000	借	50000

图 3-69　"应收现金"科目明细账账页

应付现金　明细账

第 13 页

| 一　级　科　目 | 应付款项 |
| 二级科目或明细科目 | 应付现金 |

2012年 月	日	记账凭证 种类	号数	摘　　要	借(收)方 亿千百十万千百十元角分	贷(付)方 亿千百十万千百十元角分	收借或付贷	余　额 亿千百十万千百十元角分
9	3		6	向姐姐借钱		400000	贷	400000
9	19		21	同学代付班级活动费		1000	贷	401000
				本月合计		401000	贷	401000

图 3-70　"应付现金"科目明细账账页

待摊费用 明 细 账

	一级科目	待摊费用
第 14 页	二级科目或明细科目	演讲训练费

2012年 月	日	记账凭证 种类	号数	摘　　要	借(收)方	贷(付)方	收借或付贷	余　　额
9	30		27	预付演讲训练费用	50000		借	50000

图 3-71　"待摊费用"科目明细账账页

现 金 明 细 账

	一级科目	现金结存
第 15 页	二级科目或明细科目	现金

2012年 月	日	记账凭证 种类	号数	摘　　要	借(收)方	贷(付)方	收借或付贷	余　　额
9	1		1	父母给钱	400000		借	400000
9	2		5	向学校交学费		400000		000
9	3		6	向姐姐借钱	400000		借	400000
9	3		7	购饭卡并充值		60000	借	340000
9	5		8	购暖瓶、毛巾等用品		7450	借	332550
9	8		9	购台灯一个		2500	借	330050
9	10		10	交学费、学杂费		30000	借	300050
9	11		11	手机卡充值		10000	借	290050
9	12		12	购本子、笔、计算器		5200	借	284850
9	13		13	同学王玺借款		10000	借	274850
9	13		14	收到学校补助金	3000		借	277850
9	15		15	购校服二套		15000	借	262850
9	15		16	同学取餐费用		2500	借	260350
9	16		17	校外听励志讲座		2000	借	258350
9	17		18	KTV唱歌费		1500	借	256850
9	17		19	交住宿押金		50000	借	206850
9	18		20	收回王玺借款	10000		借	216850
9	19		22	勤工俭学购手套、帽子等		2100	借	214750
9	28		23	勤工助学收入	12000		借	226750
9	29		24	现金存银行		200000	借	26750
9	30			本月合计	825000	798250	借	26750
9	30			累　计	825000	798250	借	26750

图 3-72　"现金"科目明细账账页

银行存款　明　细　账　　　　第 16 页

一　级　科　目	现金结存
二级科目或明细科目	银行存款

2012年 月	日	记账凭证 种类	号数	摘　　要	借(收)方 亿千百十万千百十元角分	贷(付)方 亿千百十万千百十元角分	收借或付贷	余　额 亿千百十万千百十元角分
9	29		24	现金存银行	2 0 0 0 0 0		借	2 0 0 0 0 0
9	30		27	预付4个月演讲培训费		5 0 0 0 0	借	1 5 0 0 0 0
				本月合计	2 0 0 0 0 0	5 0 0 0 0	借	1 5 0 0 0 0

图 3-73　"银行存款"科目明细账账页

其他货币资金 明　细　账　　　　第 17 页

一　级　科　目	现金结存
二级科目或明细科目	其他货币资金

2012年 月	日	记账凭证 种类	号数	摘　　要	借(收)方 亿千百十万千百十元角分	贷(付)方 亿千百十万千百十元角分	收借或付贷	余　额 亿千百十万千百十元角分
9	30		26	月末饭卡、电话卡余额	6 7 0 0		借	6 7 0 0
				本月合计	6 7 0 0		借	6 7 0 0

图 3-74　"其他货币资金"科目明细账账页

生活高值物品结存 明 细 账

一 级 科 目	实物结存
二级科目及明细科目	生活高值物品结存

第 18 页

2012年		记账凭证		摘　　要	借（收）方	贷（付）方	收借或付贷	余　　额
月	日	种类	号数		亿千百十万千百十元角分	亿千百十万千百十元角分		亿千百十万千百十元角分
9	1		2	父母给手提电脑	350000		借	350000
				本月合计	350000		借	350000

图 3-75　"生活高值物品结存"科目明细账账页

生活高值物品折旧 明 细 账

一 级 科 目	实物结存
二级科目及明细科目	生活高值物品折旧

第 19 页

2012年		记账凭证		摘　　要	借（收）方	贷（付）方	收借或付贷	余　　额
月	日	种类	号数		亿千百十万千百十元角分	亿千百十万千百十元角分		亿千百十万千百十元角分
9	30		25	手提电脑折旧		5542	贷	5542
				本月合计		5542	贷	5542

图 3-76　"生活高值物品折旧"科目明细账账页

投资经营现金收入 明 细 账

	一 级 科 目	投资经营现金收入
第 20 页	二级科目或明细科目	投资经营现金收入

2012年 月	日	记账凭证 种类	号数	摘 要	借(收)方 亿千百十万千百十元角分	贷(付)方 亿千百十万千百十元角分	收借或付贷	余 额 亿千百十万千百十元角分
9	28		23	勤工助学收入（打扫卫生）		1 2 0 0 0 0	贷	1 2 0 0 0 0
9	30		28	收入结转本年结余	1 2 0 0 0 0			0 0 0
				本月合计	1 2 0 0 0 0	1 2 0 0 0 0		0 0 0

图 3-77 "投资经营现金收入"科目明细账账页

投资经营现金支出 明 细 账

	一 级 科 目	投资经营现金支出
第 21 页	二级科目或明细科目	投资经营现金支出

2012年 月	日	记账凭证 种类	号数	摘 要	借(收)方 亿千百十万千百十元角分	贷(付)方 亿千百十万千百十元角分	收借或付贷	余 额 亿千百十万千百十元角分
9	19		22	勤工助学购手套、口罩、帽子	2 1 0 0		借	2 1 0 0
9	30		29	支出结转本年结余		2 1 0 0		0 0 0
				本月合计	2 1 0 0	2 1 0 0		0 0 0

图 3-78 "投资经营现金支出"科目明细账账页

本年收支结余　明细分类账

				第 22 页
总账户	累计本年结余			
明细账户	本年收支结余			

2012年 月 日	记账凭证 种类 号数	摘要	借（收）方 亿千百十万千百十元角分	贷（付）方 亿千百十万千百十元角分	收借或付贷	余额 亿千百十万千百十元角分
9　30	28	收入结转本年收支结余		8 2 8 8 0 0	贷	8 2 8 8 0 0
9　30	29	支出结转本年收支结余	6 0 1 8 9 2		贷	2 2 6 9 0 8
		本月合计	6 0 1 8 9 2	8 2 8 8 0 0	贷	2 2 6 9 0 8

图 3-79　"本年收支结余"科目明细账账页

（五）根据明细账合计数据，编制"总账科目汇总表"（见表 3-1）

表 3-1　总账科目汇总表

总账科目　**汇　总　表**

2012 年 9 月 1 日至 9 月 30 日 总 字 第　号

科　目	借　方 亿千百十万千百十元角分	贷　方 亿千百十万千百十元角分	总页账次	记账凭证自
现金收入	4 0 3 0 0 0	4 0 3 0 0 0	√	
实物收入	4 1 3 8 0 0	4 1 3 8 0 0	√	1
现金支出	5 3 7 1 5 0	5 3 7 1 5 0	√	号至
实物支出	6 9 3 4 2	6 9 3 4 2	√	
应收款项	6 0 0 0 0	1 0 0 0 0	√	
应付款项		4 0 1 0 0 0	√	
现金结存	1 0 3 1 7 0 0	8 4 8 2 5 0	√	29
实物结存	3 5 0 0 0 0	5 5 4 2	√	号共
投资经营收入	1 2 0 0 0	1 2 0 0 0	√	
投资经营支出	2 1 0 0	2 1 0 0	√	29
累计收支结余	6 0 1 8 9 2	8 2 8 8 0 0	√	
待摊费用	5 0 0 0 0		√	张
合　计	3 5 3 0 9 8 4	3 5 3 0 9 8 4		

财会主管　　　　记账　　　　复核　　　　制表 舒平

(六) 设置总分类账，并根据"总账科目汇总表"登记总账(见图 3-80～图 3-91)

科目或名称　现金收入　　　　　　　　　　总　账　　　　　　　1　〔现金收入〕

2012年		凭证		摘　要	日页	借　方	贷　方	借或贷	余　额
月	日	种类	号数			亿千百十万千百十元角分	亿千百十万千百十元角分		亿千百十万千百十元角分
9	30			按"总账科目汇总表"		4 0 3 0 0 0	4 0 3 0 0 0		0 0 0
				累　计		4 0 3 0 0 0	4 0 3 0 0 0		0 0 0

图 3-80　"现金收入"科目总账账页

科目或名称　实物收入　　　　　　　　　　总　账　　　　　　　2　〔实物收入〕

2012年		凭证		摘　要	日页	借　方	贷　方	借或贷	余　额
月	日	种类	号数			亿千百十万千百十元角分	亿千百十万千百十元角分		亿千百十万千百十元角分
9	30			按"总账科目汇总表"		4 1 3 8 0 0	4 1 3 8 0 0		0 0 0
				累　计		4 1 3 8 0 0	4 1 3 8 0 0		0 0 0

图 3-81　"实物收入"科目总账账页

科目或名称 现金支出

2012年		凭证		摘　　要	日	借　方	贷　方	借或贷	余　额
月	日	种类	号数		页	亿千百十万千百十元角分	亿千百十万千百十元角分		亿千百十万千百十元角分
9	30			按"总账科目汇总表"		537150	537150		000
				累　计		537150	537150		000

总　账　3 现金支出

图 3-82　"现金支出"科目总账账页

科目或名称 实物支出

2012年		凭证		摘　　要	日	借　方	贷　方	借或贷	余　额
月	日	种类	号数		页	亿千百十万千百十元角分	亿千百十万千百十元角分		亿千百十万千百十元角分
9	30			按"总账科目汇总表"		69342	69342		000
				累　计		69342	69342		000

总　账　4 实物支出

图 3-83　"实物支出"科目总账账页

科目或名称 投资经营收入　　　　　总　账　　　　　5

2012年 月	日	凭证 种类	号数	摘　　要	日页	借　方 亿千百十万千百十元角分	贷　方 亿千百十万千百十元角分	借或贷	余　额 亿千百十万千百十元角分
9	30			按"总账科目汇总表"		1 2 0 0 0	1 2 0 0 0		0 0 0
				累　　计		1 2 0 0 0	1 2 0 0 0		0 0 0

图 3-84　"投资经营收入"科目总账账页

科目或名称 投资经营支出　　　　　总　账　　　　　6

2012年 月	日	凭证 种类	号数	摘　　要	日页	借　方 亿千百十万千百十元角分	贷　方 亿千百十万千百十元角分	借或贷	余　额 亿千百十万千百十元角分
9	30			按"总账科目汇总表"		2 1 0 0	2 1 0 0		0 0 0
				累　　计		2 1 0 0	2 1 0 0		0 0 0

图 3-85　"投资经营支出"科目总账账页

总　账　　　　　　　7

科目或名称　应收款项

2012年 月	日	凭证 种类	号数	摘要	日页	借方 亿千百十万千百十元角分	贷方 亿千百十万千百十元角分	借或贷	余额 亿千百十万千百十元角分
9	30			按"总账科目汇总表"		60000	10000	借	50000
				累　　计		60000	10000	借	50000

图 3-86　"应收款项"科目总账账页

总　账　　　　　　　8

科目或名称　应付款项

2012年 月	日	凭证 种类	号数	摘要	日页	借方 亿千百十万千百十元角分	贷方 亿千百十万千百十元角分	借或贷	余额 亿千百十万千百十元角分
9	30			按"总账科目汇总表"			401000	贷	401000
				累　　计			401000	贷	401000

图 3-87　"应付款项"科目总账账页

科目或名称 待摊费用

待摊费用

总　账　　　　　9

2012年		凭证		摘　　要	日	借　方										贷　方										借或贷	余　额									
月	日	种类	号数		页	亿	千	百	十	万	千	百	十	元	角	分	亿	千	百	十	万	千	百	十	元	角	分		亿	千	百	十	万	千	百	十	元	角	分
9	30			按"总账科目汇总表"							5	0	0	0	0													借						5	0	0	0	0	
				累计							5	0	0	0	0													借						5	0	0	0	0	

图 3-88　"待摊费用"科目总账账页

科目或名称 现金结存

现金结存

总　账　　　　　10

2012年		凭证		摘　　要	日	借　方										贷　方										借或贷	余　额									
月	日	种类	号数		页	亿	千	百	十	万	千	百	十	元	角	分	亿	千	百	十	万	千	百	十	元	角	分		亿	千	百	十	万	千	百	十	元	角	分
9	30			按"总账科目汇总表"					1	0	3	1	7	0	0						8	4	8	2	5	0						1	8	3	4	5	0	
				累　计					1	0	3	1	7	0	0						8	4	8	2	5	0						1	8	3	4	5	0	

图 3-89　"现金结存"科目总账账页

科目或名称 实物结存　　　　　　　　　总　账　　　　　　　11　　实物结存

2012年 月 日	凭证 种类 号数	摘　要	日页	借　方 亿千百十万千百十元角分	贷　方 亿千百十万千百十元角分	借或贷	余　额 亿千百十万千百十元角分
9　30		按"总账科目汇总表"		350000	5542		344458
		累　计		350000	5542		344458

图 3-90　"实物结存"科目总账账页

科目或名称 累计收支结余　　　　　　总　账　　　　　　　12　　累计收支结余

2012年 月 日	凭证 种类 号数	摘　要	日页	借　方 亿千百十万千百十元角分	贷　方 亿千百十万千百十元角分	借或贷	余　额 亿千百十万千百十元角分
9　30		按"总账科目汇总表"		601892	828800		226908
		累　计		601892	828800		226908

图 3-91　"累计收支结余"科目总账账页

（七）会计结账工作

登记完所有的账簿后，下面要做的就是结账工作，在结束本月账务、编制会计报表前，需要做如下工作：

1. 账证相符

检查凭证的记录与账簿记录是否一致，账簿合计金额是否正确，如果有误，要更正一致。

2. 账账相符

将总分类账和明细账的内容及金额进行核对，两账要相符，否则需更正一致。

3. 账实相符

盘点现金和实物，检查账上记录的现金、银行存款、实物的数量是否一致，如果不一致，查找原因更正一致。

（八）根据明细账和总账，编制个人会计报表

下面是田犁 2012 年 9 月 30 日的会计报表，因为田犁同学 9 月份开学刚开始记账，所以没有本年累计数。个人收支损益表和个人资产负债表如表 3-2、表 3-3 所示。

表 3-2　个人收支损益表

报表日期：2012 年 9 月　　　　　　　　　　　　　　　　　　　　　单位：元

项　目　名　称	行次	本月数额	本年累计数额
一、生活资金来源类	1		
1. 现金收入	2	4 030.00	
其中：父母现金收入	3	4 000.00	
奖励现金收入	4		
劳动所得现金收入	5		
他人现金收入	6		
其他现金收入	7	30.00	
2. 实物收入	8	4 138.00	
其中：父母实物收入	9	3 650.00	
奖励实物收入	10		
劳动所得实物收入	11		
他人实物收入	12	488.00	
其他实物收入	13		
生活收入合计	14	8 168.00	
二、生活资金应用类	15		

(续表)

项 目 名 称	行次	本月数额	本年累计数额
1. 现金支出	16	5 304.50	
其中：生活现金支出	17	882.50	
学习现金支出	18	4 362.00	
发展现金支出	19	20.00	
娱乐现金支出	20	15.00	
交往支出现金	21	25.00	
医疗现金支出	22		
其他现金支出	23		
2. 实物支出	24	693.42	
其中：生活实物支出	25	638.00	
学习实物支出	26	55.42	
发展实物支出	27		
娱乐实物支出	28		
交往实物支出	29		
医疗实物支出	30		
其他实物支出	31		
生活支出合计	32	5 997.92	
生活收支结余	33	2 170.08	
三、投资经营收入	34	120.00	
其中：投资经营现金收入	35	120.00	
投资经营实物收入	36		
投资经营无形资产收入	37		
四、投资经营支出	38	21.00	
其中：投资经营现金支出	39	21.00	
投资经营实物支出	40		
投资经营无形资产支出	41		
投资经营收支结余	42	99.00	
五、累计收支结余	43	2 269.08	
其中：本年收支结余	44	2 269.08	

填表说明：个人损益表上所有科目的数额，是根据账簿科目上的"发生额"数据进行填写的。

田犁从 2012 年 9 月开始记账，没有 2011 年末的财务数据，所以也就没有 2012 年初的"本年期初数"。

表3-3　个人资产负债表

报表日期：2012 年 9 月 30 日　　　　　　　　　　　　　　　　　　　　　单位：元

项 目 名 称	行次	本年期初数额	本年期末数额	项 目 名 称	本年期初数额	本年期末数额
个人资产	1			个人负债和净资产		
一、资产结存	2			一、应付款项		
1. 现金结存	3		1 834.50	其中：应付现金		4 010.00
其中：现金	4		267.50	应付实物		
银行存款	5		1 500.00	二、预提费用		
其他货币资金	6		67.00	三、累计收支结余		
2. 实物结存	7		3 444.58	其中：本年收支结余		2 269.08
其中：生活高值物品结存	8		3 500.00	以前年度累计结余		
减：生活高值物品折旧	9		55.42			
借入物品	10					
3. 投资经营结存	11					
其中：投资经营高值物品结存	12					
减：投资经营高值物品折旧	13					
投资经营无形资产结存	14					
减：投资经营无形资产摊销	15					
货币资金和实物结存合计	16		5 279.08			

(续表)

项　目　名　称	行次	本年期初数额	本年期末数额	项　目　名　称	本年期初数额	本年期末数额
二、应收款项	17		500.00			
其中：应收现金	18		500.00			
应收实物	19					
三、待摊费用	20		500.00			
全部个人资产累计	21		6 279.08	负债和净资产累计		6 279.08

填表说明：个人资产负债表上所有科目的数额，是根据账簿科目上的"余额"数据进行填写。

(九) 整理装订记账凭证，整理会计档案

本月终了，将本月的原始凭证整齐地粘贴在记账凭证的反面，将记账凭证填写完整，连同"记账凭证汇总表"及会计报表一起装订成册，然后附上"凭证封面"，并且将"凭证封面"的内容填写完整。

二、田犁 2012 年全年财务报表

以上是田犁同学对自己 9 月份的财务进行账务处理的全过程，从 9 月份开始，田犁每个月按照个人会计核算的规则进行记账，截止到 2012 年 12 月 31 日，田犁的年度年会计报表如表 3-4、表 3-5 所示。

记账是以公历一年为一个记账周期的。

表 3-4　个人收支损益表

报表日期：2012 年 12 月　　　　　　　　　　　　　　　　　　　单位：元

项　目　名　称	行次	本月数额	本年累计数额
一、生活资金来源类	1		
1. 现金收入	2	1 000.00	7 033.51
其中：父母现金收入	3	1 000.00	7 000.00
奖励现金收入	4		
劳动所得现金收入	5		
他人现金收入	6		
其他现金收入	7		33.51

(续表)

项 目 名 称	行次	本月数额	本年累计数额
2. 实物收入	8		4 288.00
其中：父母实物收入	9		3 650.00
奖励实物收入	10		100.00
劳动所得实物收入	11		
他人实物收入	12		488.00
其他实物收入	13		50.00
生活收入合计	14	1 000.00	11 321.51
二、生活资金应用类	15		
1. 现金支出	16	1 055.30	8 096.29
其中：生活现金支出	17	765.76	2 982.89
学习现金支出	18		4 362.00
发展现金支出	19	125.00	395.00
娱乐现金支出	20	83.00	213.86
交往现金支出	21	47.00	108.00
医疗现金支出	22	31.00	31.00
其他现金支出	23	3.54	3.54
2. 实物支出	24	55.42	859.68
其中：生活实物支出	25		638.00
学习实物支出	26	55.42	221.68
发展实物支出	27		
娱乐实物支出	28		
交往实物支出	29		
医疗实物支出	30		
其他实物支出	31		
生活支出合计	32	1 110.72	8 955.97
生活收支结余	33	-110.72	2 365.54

（续表）

项 目 名 称	行次	本月数额	本年累计数额
三、投资经营收入	34	300.00	1 020.00
其中：投资经营现金收入	35	300.00	1 020.00
投资经营实物收入	36		
投资经营无形资产收入	37		
四、投资经营支出	38		21.00
其中：投资经营现金支出	39		21.00
投资经营实物支出	40		
投资经营无形资产支出	41		
投资经营收支结余	42	300.00	999.00
五、累计收支结余	43	189.28	3 364.54
其中：本年收支结余	44	189.28	3 364.54

填表说明：个人损益表上所有科目的数额，是根据账簿科目上的"发生额"数据进行填写。

表 3-5　个人资产负债表

报表日期：2012 年 12 月 31 日　　　　　　　　　　　　　单位：元

项 目 名 称	行次	本年期初数额	本年期末数额	项 目 名 称	本年期初数额	本年期末数额
个人资产	1			个人负债和净资产		
一、资产结存	2			一、应付款项		4 000.00
1. 现金结存	3		3 461.22	其中：应付现金		4 000.00
其中：现金	4		390.71	应付实物		
银行存款	5		2 003.51	二、预提费用		
其他货币资金	6		1 067.00	三、累计收支结余		3 364.54
2. 实物结存	7		3 278.32	其中：本年收支结余		3 364.54
其中：生活高值物品结存	8		3 500.00	以前年度累计结余		
减：生活高值物品折旧	9		221.68			
借入物品	10					

(续表)

项 目 名 称	行次	本年 期初数额	本年 期末数额	项 目 名 称	本年 期初数额	本年 期末数额
3. 投资经营结存	11					
其中: 投资经营高值物 品结存	12					
减：投资经营高 值物品折旧	13					
投资经营无形资产 结存	14					
减：投资经营无 形资产摊销	15					
货币资金和实物结存 合计	16		6 739.54			
二、应收款项	17		500.00			
其中: 应收现金	18		500.00			
应收实物	19					
三、待摊费用	20		125.00			
全部个人资产累计	21		7 364.54	负债和净资产累计		7364.54

填表说明：个人资产负债表上所有科目的数额，是根据账簿科目上的"余额"数据进行填写。

三、分析报表并制定财务目标

(1) 根据本年报表数据分析情况，计划未来财务收支计划。如果个人资金比较宽裕，可以适当减少父母给予资金的数额；还可以增加劳动报酬收入，减轻父母的资金压力。适当集中部分资金，支持发展目标的落实，实现个人成长的愿望。

(2) 利用 2012 年的财务数据编制下年财务预算，作为制定 2013 年财务预算的依据，制定 2013 年的财务目标。

第四章　个人目标的制定

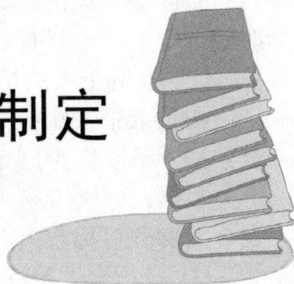

本章以大学一年级学生田犁制定个人目标的过程为案例，讲述大学生个人目标的制定过程和具体方法。

一、大学生管理目标的分类

(一) 管理目标按时间进行分类

按时间的长短，管理目标可以分为：四年总目标、年度目标、月度目标、周目标、日目标。现实中将四年总目标分解为年度目标，再将年度目标分解为月目标、周目标、日目标。这样把大目标分解为小目标，便于执行和管理。

(二) 管理目标按内容进行分类

按内容的不同，管理目标可以分为：学习目标、发展目标、财务目标、生活目标以及其他目标。这些目标的内容包括大学生活的各个方面，如果在大学期间实现对这些目标的管理，相信个人的生活会更加有序，更能不断充实自己，成为更优秀的人。

二、制定个人管理目标的要求

(一) 制定个人管理目标的注意事项

1. 管理目标建立在个人实际情况的基础上

制定个人管理目标不能靠臆想，要建立在个人现实情况的基础上。首先要分析个人的一些实际情况：

(1) 分析个人目前的主要任务和需求

大学生的主要任务还是学习专业课程，分析对于专业课程的成绩要求是什么，要有明确的数字标准，例如班级名次、分数、奖学金，以及课外阅读数量，书写阅读笔记频次，课堂发言的次数要求等。这些分析和数据可以帮助个人更好地制定个人学习目标。

(2) 分析个人的历史财务数据和面临的新形势

在记录个人账务一段时间或一个年度后，已经具有比较详细、充分的财务历史数据，可以作为制定财务目标的根据。在制定财务目标时，必须首先依据历史财务数据，分析未来可能会面临的情况，然后对历史财务数据进行调整，最终形成个人财务目标数据。

(3) 分析个人的特长和兴趣爱好

分析自己的特长、兴趣爱好、人生规划；分析个人的能力、缺陷和不足，确定需要加强的方面；分析社会适用人才的要求；分析家族传承和自我价值实现的需要。通过这些分析确定发展特长，弥补不足，实现个人梦想的目标，也就是个人发展目标。

(4) 分析能够具备的生活条件

制定生活目标时，要分析家庭和个人的经济条件，分析个人的生活风格，分析个人的价值观，以及对于健康、勤俭、有序生活的理解，从而制定与之相适应的生活目标。

(5) 分析其他事项

除上述方面以外，个人还必须根据自身特点，对不同的情况进行分析，通过分析可以正确地认识自己、把握自己，同时制定适合自己的管理目标。

2. 管理目标建立在切实可行的基础上

在制定个人管理目标时，要注意目标的可行性。目标既要具有一定的前瞻性和挑战性，通过努力能够执行和实现；又不能要求过低，无法很好地起到促进和激励作用。

(二) 制定个人管理目标的最好时机

1. 大学一年级新入学一个月之内

刚踏入大学校门的学生，在入学一个月以后，各方面已经安排就绪，这时候就应该着手计划大学生活，初步制定各个方面的管理目标。由于缺乏对新事物的认知，以及缺乏历史资料，这段时间的目标缺乏稳定性，需要在执行过程中适当地调整和修正。

2. 每年公历 1 月份

每年的 12 月 31 日前处理完毕这一年的全部账务，在第二年开始，也可在期末考试完毕后一个月之内，根据财务、学习等历史资料，分析制定下一年度的管理目标。

3. 执行过程中要随时调整

在各个目标的执行过程中，如果发现计划有偏颇甚至错误等，或者实施计划过程中发生了新的情况和变化，要及时对计划进行调整和修正。

三、制定个人管理目标的过程和方法

个人管理目标体系主要包括：财务目标、学习目标、发展目标、生活目标、其他目标。下面以田犁同学 2013 年目标制定过程为例，分别讲述这些目标的制定方法。

(一) 个人财务目标的制定方法

制定个人财务目标的方法如下：

1. 分析调整历史数据

以上年末会计报表数据作为基础数据，分析这些数据的合理性，确定不合理和偶然因素对金额的影响，并且相应地对这些金额数据进行调整。调整后的数据可以作为编制下年预算和财务目标的依据。

2. 分析下一年度面临的情况

分析下一年可能面临的情况，包括物价因素、影响收入的因素、影响支出的因素、个人发展因素、个人管理目标高低因素等，所有这些因素，都要估计其对财务的影响程度，确定影响收支金额的数额。

3. 调整历史财务数据

在历史财务数据的基础上，按照分析的下年情况对收支等影响财务数据的金额进行调整，调整后的数据就是财务预算数据，财务预算数据指标可以作为制定财务年度目标的依据。

4. 确定财务目标

将财务预算数据指标作为制定年度财务目标的依据。将年度财务预算数额按照 12 个月计算平均数，考虑一年之中的节假日、淡旺季等因素的影响，以平均数进行调整，调整后的数据就是月度财务目标。根据重要性和可控程度，确定月度财务目标中的硬性目标和非硬性目标，硬性目标必须完成，非硬性目标可以不完成，硬性目标就是个人财务管理目标。

(二) 财务目标制定的过程

田犁同学 2013 年财务目标制定的过程如下：

1. 准备 2012 年度的个人财务历史数据

(1) 2012 年 12 月底的会计报表数据

在第三章中，田犁同学已经编制了 2012 年 12 月 31 日的会计报表，这些会计报见表 3-4 和表 3-5，以它们作为本章的财务历史数据。

(2) 分析财务历史数据的合理性，并且修正不合理数据的金额，将报表调整为全年报表。

由于田犁同学从 2012 年 9 月才开始记账，所以表 3-4、表 3-5 的数据不是一个完整的会计年度的数据，这种情况下，就需要对报表数据进行适当的调整，调整为一个完整的会计年度的数据。

调整的方法，就是对 1～8 月份的资金收支数据金额进行估计，根据估计金额，增加报表 1～8 月份的资金发生数额，从而将表 3-4、表 3-5 调整为全年数据。

在估计 1～8 月份的数据时，要考虑每年近两个月的暑假时间、近一个月的寒假时间，假期期间花费较少。参考 9～12 月记录的每月收支金额，对表 3-4、表 3-5 的数据进行调整，调整后的全年数据如表 4-1、表 4-2 所示。

个人收支损益表上增加了 1～8 月份的数据，也会引起个人资产负债表上数据的变化。根据记账规则，按照个人收支损益表上 1～8 月增长的数额，调整个人资产负债表为全年数据。

1～8 月份增加"现金收入"5 000 元，相应会增加"现金结存"5 000 元；增加"现金支出"5 073.26 元，相应的减少"现金结存"5 073.26 元；"现金结存"净减少额为 73.26(5 000－5 073.26＝-73.26)元；减少"本年收支结余"73.26(5 000－5073.26＝-73.26)元。

特别说明，如果报表数额是一个完整年度的数额，则不需要进行调整，直接使用上年度末的报表数据就可以了。

表 4-1 个人收支损益表

报表日期：2012 年 12 月　　　　　　　　　　　　　　　　　　　　　　单位：元

项 目 名 称	行次	本月数额	9～12 月累计数据	1～8 月估计累计数据	全年累计数据
一、生活资金来源类	1				
1. 现金收入	2	1 000.00	7 033.51	5 000.00	12 033.51
其中：父母现金收入	3	1 000.00	7 000.00	5 000.00	12 000.00
奖励现金收入	4				
劳动所得现金收入	5				
他人现金收入	6				
其他现金收入	7		33.51		33.51
2. 实物收入	8		4 288.00		4 288.00
其中：父母实物收入	9		3 650.00		3 650.00
奖励实物收入	10		100.00		100.00
劳动所得实物收入	11				
他人实物收入	12		488.00		488.00

（续表）

项目名称	行次	本月数额	9～12月累计数据	1～8月估计累计数据	全年累计数据
其他实物收入	13		50.00		50.00
生活收入合计	14	1 000.00	11 321.51	5 000.00	16 321.51
二、生活资金应用类	15				
1. 现金支出	16	1 055.30	8 096.29	5 073.26	13 169.55
其中：生活现金支出	17	765.76	2 982.89	3 828.80	6 811.69
学习现金支出	18		4 362.00		4 362.00
发展现金支出	19	125.00	395.00	625.00	1 020.00
娱乐现金支出	20	83.00	213.86	306.00	519.86
交往现金支出	21	47.00	108.00	182.00	290.00
医疗现金支出	22	31.00	31.00	124.00	155.00
其他现金支出	23	3.54	3.54	7.46	11.00
2. 实物支出	24	55.42	859.68		859.68
其中：生活实物支出	25		638.00		638.00
学习实物支出	26	55.42	221.68		221.68
发展实物支出	27				
娱乐实物支出	28				
交往实物支出	29				
医疗实物支出	30				
其他实物支出	31				
生活支出合计	32	1 110.72	8 955.97	5 073.26	14 029.23
生活收支结余	33	−110.72	2 365.54		2 292.28
三、投资经营收入	34	300.00	1 020.00		1 020.00
其中：投资经营现金收入	35	300.00	1 020.00		1 020.00
投资经营实物收入	36				
投资经营无形资产收入	37				
四、投资经营支出	38		21.00		21.00
其中：投资经营现金支出	39		21.00		21.00
投资经营实物支出	40				
投资经营无形资产支出	41				
经营收支结余	42	300.00	999.00		999.00
五、累计收支结余	43	189.28	3 364.54		3 291.28
其中：本年收支结余	44	189.28	3 364.54		3 291.28

表 4-2　个人资产负债表

报表日期：2012 年 12 月 31 日　　　　　　　　　　　　　　　　　　　　单位：元

项　目 名　称	行次	9～12 月累计数额	1～8 月累计增加数额	全年累计数额	项　目 名　称	9～12 月累计数额	1～8 月累计增加数额	全年累计数
个人资产	1				个人负债和净资产			
一、资产结存	2				一、应付款项	4 000.00		4 000.00
1. 现金结存	3	3 461.22	-73.26	3 387.96	其中：应付现金	4 000.00		4 000.00
其中：现金	4	3 90.71	-73.26	317.45	应付实物			
银行存款	5	2 003.51		2 003.51	二、预提费用			
其他货币资金	6	1 067.00		1 067.00	三、累计收支结余	3 364.54		3 291.28
2. 实物结存	7	3 278.32		3 278.32	其中：本年收支结余	3 364.54	-73.26	3 291.28
其中：生活高值物品结存	8	3 500.00		3 500.00	以前年度累计结余			
减：生活高值物品折旧	9	221.68		221.68				
借入物品	10							
3. 投资经营结存	11							
其中：投资经营高值物品结存	12							
减：投资经营高值物品折旧	13							
投资经营无形资产结存	14							
减：投资经营无形资产摊销	15							
货币资金和实物结存累计	16	6 739.54		6 666.28				
二、应收款项	17	500.00		500.00				
其中：应收现金	18	500.00		500.00				
应收实物	19							
三、待摊费用	20	125.00		125.00				
全部个人资产累计	21	7 364.54		7 291.28	负债和净资产累计	7 364.54		7 291.28

2. 分析和调整财务数据

对 2012 年收支财务数据的合理性进行分析，并调整不合理数据的金额。

1) 对个人收支损益表数据的分析与调整

(1) 对"现金收入"科目的分析

① 对"父母现金收入"的分析

2012年"父母现金收入"12 000元。由于个人财务管理得当,增加了部分经营所得,资金有所结余,年底"现金结存"余额为3 387.96元,结余数额较大。计划2013年减少对父母索要生活费的数额,预计父母每月汇来900元现金,比去年每月减少100元。初步确定2013年"父母现金收入"的年预算数额为10 800元。

② 对"奖励现金收入"的分析

2012年没有获得"奖励现金收入",这是不合理的。计划2013年努力学习学校的课程,争取获得奖学金800元。初步确定2013年"奖励现金收入"年预算数额为800元。

③ 对"劳动所得现金收入"的分析

2012年没有获得"劳动所得现金收入"。由于2013年计划继续承担学校餐厅的卫生清洁工作,因此没有时间再从事其他临时性劳动,所以确定2013年"劳动所得现金收入"年预算数额为零。

④ 对"他人现金收入"的分析

2012年"他人现金收入"数额为零。根据个人家庭成员的构成情况,预计2013年也不会有"他人现金收入"的发生,因此确定2013年"他人现金收入"年预算数额为零。

⑤ 对"其他现金收入"的分析

2012年获得"其他现金收入"33.51元,其中30元为学校补助,3.51元为银行存款利息。2013年学校已经没有30元补助项目了;估计2013年银行存款利息收入为10元,因此2013年"其他现金收入"年预算数额为10元。

(2) 对"实物收入"科目的分析

2012年全部"实物收入"为4 288元。由于2012年是大学新入学时期,父母和亲戚会给予较多的实物。2013年进入正常学习阶段后,实物馈赠将减少,实物收入不是稳定的收入来源。有逢年过节交往情况存在,因此预测2013年"父母实物收入"为300元,姐姐的实物收入属"他人实物收入"约为200元,2013年预算数额合计为500元。

(3) 对"现金支出"科目的分析

① 对"生活现金支出"的分析

2012年"生活现金支出"共6 811.69元,总的评价是生活支出比较节俭,2012

年该项目支出是合理的。对2013年的"生活现金支出"预测数额会有所增长，增长的原因分析如下。

- 食物支出：2012年基本上坚持到学校食堂吃饭，继续保持这种做法。
- 衣物支出：由于个人发展的需要，2013年需要适当改变着装风格，所以衣物方面的支出会增加，全年计划增加800元的衣物支出。
- 日用品支出：日化品、生活小件用品等，注意节约，可以适当地降低支出，暂定每月平均30元，全年360元。
- 交通支出：尽量坐公交车，预计全年交通支出50元。

根据以上对构成"生活现金支出"因素的分析，计划2013年在2012年"生活现金支出"数据的基础上，增加"生活现金支出"预算数1 000元，因此2013年预算数额合计为7 811.69元。

② 对"交往现金支出"的分析

2012年"交往现金支出"共290元。2013年没有要发展交往的任务目标，所以2013年预算维持290元不变。

③ 对"娱乐现金支出"的分析

2012年"娱乐现金支出"519.86元，是基本合理的支出，因此2013年预算维持519.86元不变。

④ 对"学习现金支出"的分析

2012年"学习现金支出"4 362元，包括4 000元的学费支出。这项支出数额是合理的。2013年需要交付下个学年的学费4 000元，因此2013年预算维持4 362元不变。

⑤ 对"发展现金支出"的分析

2012年"发展现金支出"总额为1 020元。由于2013年有新的发展目标，为了支持发展目标的实现，需要增加部分支出，计划增加1 000元，因此2013年预算数额为2 020元。

⑥ 对"医疗现金支出"的分析

2012年"医疗现金支出"为155元。2013年这部分支出可以避免，因此2013年预算数额为零。

⑦ 对"其他现金支出"的分析

2012年"其他现金支出"为11元。2013年罚款支出可以避免，因此2013年预算数额为零。

(4) 对"实物支出"科目的分析

① 对"生活实物支出"的分析

在 2012 年"生活实物支出"共发生 638 元，主要为大学开学，父母和姐姐给予的实物支持。2013 年进入正常学习阶段后，仅逢年过节的正常交往，对"实物收入"暂且按 500 元预计，因此 2013 年预算数额为 500 元。

② 对"学习实物支出"的分析

2012 年"学习实物支出"为 221.68 元，是电脑使用折旧费。根据每月折旧费 55.42 元计算，2013 年的全年折旧费为 665.04 元，因此 2013 年预算数额为 665.04 元。

(5) 对"投资经营现金收入"的分析

2012 年"投资经营现金收入"共 1 020 元，是打扫学校餐厅的收入，按每月 300 元收入计算，2013 年预算数额为 3 600 元。

(6) 对"投资经营现金支出"的分析

2012 年"投资经营现金支出"发生 21 元，预计 2013 年支出 500 元，主要是用于处理与餐厅工作人员关系的支出。

为了养成个人定期储蓄的习惯，规定个人每次收入现金后，都按 10% 的比例计算储蓄金额，存入银行账户。根据 2013 年全年预算收入数额(10 800 元+800 元+3 600 元)，2013 年预算储蓄金额是 1 520 元。

汇总初步形成的 2013 年的收支预算数额，形成 2013 年预算收支损益表(见表 4-3)。

表 4-3　个人预算收支损益表

报表日期：2013 年 12 月　　　　　　　　　　　　　　　　　　　　单位：元

项 目 名 称	行次	全年预算数	预算项目数据内容说明
一、生活资金来源类	1		
1. 现金收入	2	11 610.00	
其中：父母现金收入	3	10 800.00	父母给的现金
奖励现金收入	4	800.00	个人获得的现金奖学金
劳动所得现金收入	5		
他人现金收入	6		
其他现金收入	7	10.00	银行存款利息
2. 实物收入	8	500.00	
其中：父母实物收入	9	300.00	父母给的生活用一般实物的价值

(续表)

项 目 名 称	行次	全年预算数	预算项目数据内容说明
奖励实物收入	10		
劳动所得实物收入	11		
他人实物收入	12	200.00	姐姐给的生活用一般实物的价值
其他实物收入	13		
生活收入合计	14	12 110.00	
二、生活资金应用类	15		
1. 现金支出	16	15 003.55	
其中：生活现金支出	17	7 811.69	生活支出的现金数额，其中1 000元从"其他货币资金"里支付
学习现金支出	18	4 362.00	在校学习支付的现金费用
发展现金支出	19	2 020.00	为了发展自己而以现金支付的学习费用，其中1 875元从"银行存款"里支付，20元支付现金，125元是"待摊费用"摊销
娱乐现金支出	20	519.86	个人休闲娱乐支付的现金
交往现金支出	21	290.00	同学朋友日常交往支付的现金
医疗现金支出	22		
其他现金支出	23		
2. 实物支出	24	1 165.04	
其中：生活实物支出	25	500.00	父母、姐姐给的生活用一般实物的价值总额
学习实物支出	26	665.04	学习用电脑的折旧费
发展实物支出	27		
娱乐实物支出	28		
交往实物支出	29		
医疗实物支出	30		
其他实物支出	31		
生活支出合计	32	16 168.59	
生活收支结余	33	-4 058.59	
三、投资经营收入	34	3 600.00	
其中：投资经营现金收入	35	3 600.00	打扫餐厅卫生收入

(续表)

项 目 名 称	行次	全年预算数	预算项目数据内容说明
投资经营实物收入	36		
投资经营无形资产收入	37		
四、投资经营支出	38	500.00	
其中：投资经营现金支出	39	500.00	为了保证打扫餐厅收入的稳定性，处理与餐厅人员的关系而支付的现金
投资经营实物支出	40		
投资经营无形资产支出	41		
经营收支结余	42	3 100.00	打扫餐厅收入净利润
五、累计收支结余	43	−958.59	
其中：本年收支结余	44	−958.59	

2) 根据预算个人收支损益表的数据，编制预算个人资产负债表

(1) 分析预算损益表数据对 2013 年度"现金结存""实物结存""本年收支结余"预算金额的影响。把预算损益表的数据做成记账凭证，然后汇总这些记账凭证，确定对预算资产负债表项目数据的影响金额。记账凭证如图 4-1～图 4-7。

记 账 凭 证

2013 年 1 月 3 日

总号	预算1
分号	

摘　　　要	编　号	总账科目	明细科目	记账	借方金额 千 百 十 万 千 百 十 元 角 分	贷方金额 千 百 十 万 千 百 十 元 角 分
"现金收入"11 610.00元		现金结存	银行存款		1 0 0 0	
		现金结存	现　金		1 1 6 0 0 0 0	
			现金收入			1 1 6 1 0 0 0
附件：　　　　张		合　计　金　额			1 1 6 1 0 0 0	1 1 6 1 0 0 0

屏核　　　操机　　　记账　田犁　稽核　　　出纳　田犁　制证　田犁

图 4-1　"2013 年个人预算收支损益表"上"现金收入"科目的记账凭证

记 账 凭 证

2013 年 1 月 3 日

	总号	预算2
	分号	

摘　　要	编号	总账科目	明细科目	记账	借方金额（千百十万千百十元角分）	贷方金额（千百十万千百十元角分）
"实物收入"500元		实物支出	生活实物支出		50000	
			实物收入			50000
附件：　　张		合　计　金　额			50000	50000

屏核　　　操机　　　记账 田犁　稽核　　　　出 纳 田犁　制 证 田犁

图 4-2 "2013 年个人预算收支损益表"上"实物收入"科目的记账凭证

记 账 凭 证

2013 年 1 月 3 日

	总号	预算3
	分号	

摘　　要	编号	总账科目	明细科目	记账	借方金额（千百十万千百十元角分）	贷方金额（千百十万千百十元角分）
"现金支出"15 003.55元		现金支出			1500355	
		现金结存	现　金	√		1200355
		现金结存	银行存款	√		187500
		现金结存	其他货币资金	√		100000
		待摊费用				12500
附件：　　张		合　计　金　额			1500355	1500355

屏核　　　操机　　　记账 田犁　稽核　　　　出 纳 田犁　制 证 田犁

图 4-3 "2013 年个人预算收支损益表"上"现金支出"科目的记账凭证

记 账 凭 证

总号 预算4
分号

2013 年 1 月 3 日

摘 要	编 号	总账科目	明细科目	记账	借 方 金 额										贷 方 金 额									
					千	百	十	万	千	百	十	元	角	分	千	百	十	万	千	百	十	元	角	分
"实物支出" 665.04元		实物支出	实习实物支出							6	6	5	0	4										
		实物结存	生活高值物品折旧	√																6	6	5	0	4
				√																				
				√																				
附件: 张		合 计 金 额								6	6	5	0	4							6	6	5	0	4

屏核 操机 记账 田犁 稽核 出纳 田犁 制证 田犁

图 4-4 "2013 年个人预算收支损益表"上"实物支出"科目的记账凭证

记 账 凭 证

总号 预算5
分号

2013 年 1 月 3 日

摘 要	编 号	总账科目	明细科目	记账	借 方 金 额									贷 方 金 额								
					千	百	十	万	千	百	十	元	角	分	千	百	十	万	千	百	十	元	角	分
"投资经营收入" 3 600元		现金结存	现 金					3	6	0	0	0	0										
		投资经营收入	投资经营现金收入															3	6	0	0	0	0
附件: 张		合 计 金 额						3	6	0	0	0	0						3	6	0	0	0	0

屏核 操机 记账 田犁 稽核 出纳 田犁 制证 田犁

图 4-5 "2013 年个人预算收支损益表"上"投资经营收入"科目的记账凭证

记 账 凭 证

总号 预算6
分号

2013 年 1 月 3 日

摘 要	编 号	总账科目	明细科目	记账	借 方 金 额									贷 方 金 额								
					千	百	十	万	千	百	十	元	角	分	千	百	十	万	千	百	十	元	角	分
"投资经营支出" 500元		投资经营支出	投资经营现金支出						5	0	0	0	0										
		现金结存	现 金																5	0	0	0	0
附件: 张		合 计 金 额							5	0	0	0	0						5	0	0	0	0

屏核 操机 记账 田犁 稽核 出纳 田犁 制证 田犁

图 4-6 "2013 年个人预算收支损益表"上"投资经营支出"科目的记账凭证

记 账 凭 证

2013年 1 月 3 日

总 号	预算7
分 号	

摘　　　要	编　号	总账科目	明细科目	记账	借 方 金 额	贷 方 金 额
					千 百 十 万 千 百 十 元 角 分	千 百 十 万 千 百 十 元 角 分
储蓄按现金收入10%		现金结存	银行存款	√	1 5 2 0 0 0	
的比例存银行1 520元		现金结存	现　金	√		1 5 2 0 0 0
附件：　　　张		合　计　金　额			1 5 2 0 0 0	1 5 2 0 0 0

屏　核　　　操　机　　　记　账　田犁　稽　核　　　出　纳　田犁　　制　证　田犁

图4-7　"2013年个人预算收支损益表"上将现金收入存入银行的记账凭证

汇总这些记账凭证，影响总分类科目和明细科目的金额如下：

- "现金结存——现金"："现金"科目收入＝11 600＋3 600，"现金"科目支出＝12 003.55＋500＋1 520，"现金"科目净收入＝收入－支出＝1 176.45元。
- "现金结存——银行存款"："银行存款"科目收入＝10＋1 520，"银行存款"科目支出＝1 875元，"银行存款"科目净收入＝收入－支出＝－345元。
- "现金结存——其他货币资金"："其他货币资金"科目支出1 000元。
- "待摊费用"："待摊费用"科目支出125元。
- "实物结存——生活高值物品折旧"："生活高值物品折旧"科目增加665.04元。
- "本年收支结余"＝"现金收入"＋"实物收入"＋"投资经营收入"－"现金支出"－"实物支出"－"投资经营支出"＝11 610＋500＋3 600－15 003.55－1 165.04－500＝－958.59元。

(2) 分析预算资产负债表中其他科目的数据。

① 对"应收款项"的分析

2012年"应收款项"数额为500元，属于学校住宿押金，不可以收回。所以2013年"应收款项"数额保持为500。

② 对"应付款项"的分析

2012年"应付款项"数额为4 000元，为借姐姐的资金。2013年不准备归还姐姐，所以2013年"应付款项"数额保持为4 000元。

汇总上述资产负债表上的科目数据，形成预算个人资产负债表(见表4-4)。

表4-4 个人预算资产负债表

报表日期：2013 年 12 月 31 日 单位：元

项 目 名 称	行次	2012 年 12 月 31 日期末数额	加：2013 年收支预算影响数额	2013 年全年预算数额	项 目 名 称	2012 年 12 月 31 日期末数额	加：2013 年收支预算的影响数额	2013 年全年预算数额
个人资产	1				个人负债和净资产			
一、资产结存	2				一、应付款项	4 000.00		4 000.00
1. 现金结存	3	3 461.22		3 292.67	其中：应付现金	4 000.00		4 000.00
其中：现金	4	390.71	1 176.45	1 567.16	应付实物			
银行存款	5	2 003.51	-345.00	1 658.51	二、预提费用			
其他货币资金	6	1 067.00	-1 000.00	67.00	三、累计收支结余	3 364.54		2 405.95
2. 实物结存	7	3 278.32		2 613.28	其中：本年收支结余	3 364.54	-958.59	2 405.95
其中：生活高值物品结存	8	3 500.00		3 500.00	以前年度累计结余			
减：生活高值物品折旧	9	221.68	665.04	886.72				
借入物品	10							
3. 投资经营	11							
其中：投资经营高值物品结存	12							
减：投资经营高值物品折旧	13							
投资经营无形资产	14							
减：投资经营无形资产摊销	15							
货币资金和实物结存累计	16	6 739.54		5 905.95				
二、应收款项	17	500.00		500.00				
其中：应收现金	18	500.00		500.00				
应收实物	19							
三、待摊费用	20	125.00						
全部个人资产累计	21	7 364.54		6 405.95	负债和净资产累计	7 364.54		6 405.95

3. 分析及调整并确定数据

分析 2013 年的形势和个人面临的重大目标事项，对上述 2013 年初步的预算数据进行调整，确定最终预算数据。

上面的预算数据属于初步预算数据，还需要分析 2013 年可能面临的情况，考虑这些情况对预算数据的影响，有影响的数据必须做适当调整，调整后的数据就是最终的预算数据。

虽然在分析 2012 年报表数据时，也会涉及对 2013 年部分情况的预测，为了把预算数做得更合理，还需要专门、全面、细致地对 2013 年的情况进行分析预测。需要分析的内容很多，一般包括但不限于以下内容：

(1) 物价因素

分析明年的物价、学费等因素的影响，确定其对支出数据的影响程度，从而调整预算数额。

(2) 个人发展目标因素

分析明年个人的发展目标要求，是否需要增加支出以支持这些发展目标的实现，或者降低发展目标要求，减少资金支出数额，从而调整有关项目的支出预算数额。

(3) 个人财务计划因素

考虑明年个人的财务计划，例如是否执行厉行节约、增加储蓄的计划，以及实施投资经营计划等，为了执行这些计划，需要考虑对预算数额的影响。

(4) 个人设立"预算准备金"制度

在日常生活中，经常会发生一些无法预料的事情，因此每次编制下一年度预算时，一定要留出一定数额的"储备资金"，也叫"预算准备金"。"预算准备金"用于生活中意外事项的支付，以及完成目标任务对自己的奖励。

(5) 其他影响资金收支数额的因素

根据个人情况，考虑一切能够影响财务收支的因素，并且预计影响的金额，从而对预算数额进行调整。

4. 制定个人财务目标

2013 年的预算数据就是田犁 2013 年的财务目标数据，只是根据项目内容性质需要，有些指标是硬性指标，有的不作为指标进行管理。田犁的财务目标见表 4-5。

表4-5　个人预算收支损益表

报表日期：2013 年 12 月　　　　　　　　　　　　　　　　　　单位：元

项　目　名　称	行次	全年预算数	2013年度财务目标	月度参考财务目标(暂按9个月平均)	目标的执行要求	预算项目数据内容说明
一、生活资金来源类	1					
1. 现金收入	2	11 610.00	11 610.00	1 290.00		
其中：父母现金收入	3	10 800.00	10 800.00	1 200.00	硬指标	父母给的现金
奖励现金收入	4	800.00	800.00	88.89	硬指标	个人获得的现金奖学金
劳动所得现金收入	5					
他人现金收入	6					
其他现金收入	7	10.00	10.00	1.11		
2. 实物收入	8	500.00	500.00	55.56		
其中：父母实物收入	9	300.00	300.00	33.33		父母给的生活用一般实物的价值
奖励实物收入	10					
劳动所得实物收入	11					
他人实物收入	12	200.00	200.00	22.22		姐姐给的生活用一般实物的价值
其他实物收入	13					
生活收入合计	14	12 110.00	12 110.00	1 345.56		
二、生活资金应用类	15					
1. 现金支出	16	15 003.55	15 003.55	1 667.06		
其中：生活现金支出	17	7 811.69	7 811.69	867.97	硬指标	生活支出的现金数额，其中1 000元从"其他货币资金"里支付
学习现金支出	18	4 362.00	4 362.00	484.67	硬指标	在校学习支付的现金费用
发展现金支出	19	2 020.00	2 020.00	224.44	硬指标	为了发展而以现金支付的学习费用，其中2 000元从"银行存款"里支付
娱乐现金支出	20	519.86	519.86	57.76	硬指标	个人休闲娱乐支付的现金
交往支出现金	21	290.00	290.00	32.22	硬指标	同学等日常交往支付现金
医疗现金支出	22				硬指标	
其他现金支出	23				硬指标	
2. 实物支出	24	1 165.04	1 165.04	129.45		
其中：生活实物支出	25	500.00	500.00	55.56		父母、姐姐给的生活用一般实物的价值总额
学习实物支出	26	665.04	665.04	73.89		学习用电脑的折旧费
发展实物支出	27					
娱乐实物支出	28					
交往实物支出	29					
医疗实物支出	30					
其他实物支出	31					
生活支出合计	32	16 168.59	16 168.59	1 796.51		

(续表)

项 目 名 称	行次	全年预算数	2013年度财务目标	月度参考财务目标(暂按9个月平均)	目标的执行要求	预算项目数据内容说明
生活收支结余	33	-4 058.59	-4 058.59	-450.95		
三、投资经营收入	34	3 600.00	3 600.00	400.00	硬指标	打扫餐厅卫生收入
其中:投资经营现金收入	35	3 600.00	3 600.00	400.00	硬指标	
投资经营实物收入	36					
投资经营无形资产收入	37					
四、投资经营支出	38	500.00	500.00	55.56	硬指标	
其中:投资经营现金支出	39	500.00	500.00	55.56	硬指标	为了保证打扫餐厅收入的稳定性,处理与餐厅人员的关系而支付的现金
投资经营实物支出	40					
投资经营无形资产支出	41					
经营收支结余	42	3 100.00	3 100.00	344.44		打扫餐厅收入净利润
五、累计收支结余	43	-958.59	-958.59	-106.51		
其中:本年收支结余	44	-958.59	-958.59	-106.51		2013 年收支结余

上述财务指标的说明:

(1) 收支财务目标的考核以年度为准,把全年指标,按 9 个月(12 个月扣除约 3 个月的假期)平均,目的是为了每月控制、安排收支时,有个参考数值。

(2) "硬指标"是必须完成的指标,其他没有规定的指标是不参加考核的财务指标。

(3) 田犁要参照年度指标的平均数额,结合当月生活、学习、发展、交往等各方面的要求,制定月度目标进行管理。但是对财务目标实现的最终评价结果,以年度财务指标为准。

在表 4-6 预算个人资产负债表中,田犁确定只有储蓄任务作为硬性指标。

财务指标说明:对个人资产负债表上的"现金结存"项目指标,按资金收入的 10%计算,进行储蓄存款。

表 4-6 预算个人资产负债表

报表日期：2012 年 12 月 31 日   单位：元

项 目 名 称	行次	本年期初数额	本年期末数额	项 目 名 称	本年期初数额	本年期末数额
个人资产	1			个人负债和净资产		
一、资产结存	2			一、应付款项		4 000.00
1. 现金结存	3		3 461.22	其中：应付现金		4 000.00
其中：现金	4		390.71	应付实物		
银行存款	5		2 003.51	二、预提费用		
其他货币资金	6		1 067.00	三、累计收支结余		3 364.54
2. 实物结存	7		3 278.32	其中：本年收支结余		3 364.54
其中：生活高值物品结存	8		3 500.00	以前年度累计结余		
减：生活高值物品折旧	9		221.68			
借入实物	10					
3. 投资经营结存	11					
其中：投资经营高值物品结存	12					
减：投资经营高值物品折旧	13					
投资经营无形资产结存	14					
减：投资经营无形资产摊销	15					
货币资金和实物结存合计	16		6 739.54			
二、应收款项	17		500.00			
其中：应收现金	18		500.00			
应收实物	19					
三、待摊费用	20		125.00			
全部个人资产累计	21		7 364.54	负债和净资产累计		7 364.54

填表说明：个人资产负债表上所有科目的数额，是根据账簿科目上的"余额"数据进行填写。

(三) 学习目标和发展目标的制定

1. 个人学习目标的制定方法

(1) 专业学习目标：争取取得班级前五名的成绩；争取年底获得三等奖学金。

(2) 英语学习目标：每周阅读一篇英文报道。

(3) 专业阅读任务：完成专业课老师布置的课外阅读作业，扩充专业知识面，每次阅读都要做好笔记。

2. 个人发展目标的制定方法

田犁制定个人发展目标时，围绕着四个主题：

(1) 为了发展个人特长和爱好；

(2) 为了弥补自己的不足；

(3) 为了提升个人的形象品牌；

(4) 为了丰富个人的精神世界。

围绕上述四个主题目的，田犁制定的2013年度个人发展目标如下：

(1) 特长学习指标：继续在校外参加播音主持训练班。

(2) 精神文明发展指标：每两周向校报投稿一次。

(3) 劳动指标：认真做好学校餐厅的卫生工作。

3. 个人学习目标和发展目标的实现保障措施

为了保障目标的落实和实现，在制定学习目标和发展目标的同时，要制定好执行的具体行动步骤和措施，平时只要按照规定的行动措施认真执行就可以了。有具体行动措施的目标才更有效。

1) 专业学习指标的实现措施

(1) 加强学习效果，改变学习方法

将机械听课，课后不复习的被动学习方法，改变为首先自学理解和掌握，然后带着问题和重点听老师讲课的主动学习方法。执行这种新的学习方法，会大大提高学生的自学能力和学习效果。

(2) 巩固学习效果，采用放电影学习方法

① 通过执行上述新的学习方法，每堂课前先自己学习一遍，课上边听边记忆，还要在脑海里总结出重点和框架内容，这样课程的内容基本就会印在脑海中。

② 课后和晚自习时，分别抽出10分钟时间，迅速将课程内容在脑中放一遍电影，进行回顾。

③ 第二天上课时，提前10分钟到教室，对前一节课学习的内容在脑中快速回顾一遍。

④ 每周整理复习一周所学习的内容，每月整理复习本月学习的内容。

经过上述学习的步骤和措施，专业课程一定会被掌握得牢固而透彻。

(3) 充分利用晚上的时间，进行自学和复习巩固

要充分利用晚自习的时间，复习白天学习的内容，并且自学下节课内容，并力求基本掌握。

2) 英语学习指标的实现措施

每周阅读一篇英文报道，积累英语阅读、理解、写作的能力，积累词汇量。

4. 特长学习指标的实现措施

坚持每周六上午 8 点参加校外播音主持训练班。

5. 精神文明发展指标的实现措施

为了提高文字写作水平，提高洞察事物的能力，激发广泛阅读的兴趣，丰富精神世界，建立自信心，平时应多注意构思稿件的内容，坚持每两周向校报投稿一次。

6. 劳动指标的实现措施

目前坚持承担学校餐厅的卫生工作，要细致、认真，做到最好，锻炼自己认真、坚韧、踏实的精神。

(四) 个人生活目标的内容和制定方法

个人生活指标，要求对自己想要的生活进行规划安排；通过管理个人生活，保证个人实现幸福美满的生活目标。

1. 生活目标的内容

(1) 人际关系目标。

(2) 生活清洁目标。

(3) 锻炼保健目标。

(4) 饮食文化目标。

(5) 创建个人风格目标。

(6) 物质生活目标。

(7) 精神生活目标。

(8) 其他与生活有关的目标。

2. 田犁同学制定的个人 2013 年的生活目标

(1) 人际关系目标。

① 结识新朋友，可以彼此陪伴。

② 每周给父母打一个电话，不让父母担心。

③ 多参加团体、聚会，提升沟通能力，以及如何在集体场合中展现自己。

(2) 生活清洁目标。生活环境要保持整洁，每周至少洗一次衣服，每周至少洗一次澡。

(3) 锻炼保健目标。每周锻炼两次，包括打球、散步、爬山等各种运动。

(4) 饮食文化目标。注意不吃垃圾、不洁食品，晚餐最多七分饱，多吃清淡食物。

(5) 创建个人风格目标。研究服装、发型等时尚书籍，逐步找到适合自己的衣着风格，营造自己独特的气质，这是人生自信和社会交往的名片。

(6) 物质生活目标。在制定财务目标时，不要让自己在生活、娱乐等方面过分节俭，要保证生活的基本舒适。但是不可以过分追求物质享受，保证实现财务目标。

(7) 精神生活目标。参加社会义工活动，多做有益于社会和他人的事。

第五章　个人组织目标的管理过程及方法

本章讲述个人目标管理的过程和方法体系，以保证个人目标的落实和实现。以田犁个人目标的管理为案例，讲述个人目标管理的工具以及"周会议"的管理内容，个人目标管理的"月会议"和"年会议"将在后面两章分别论述。

制定了大学生个人管理的各个目标后，必须进行有效管理才能更好地实现。在管理目标的过程中，促进个人发展和成长，历练自身组织管理和组织目标管理的能力，提高自己的自制力和计划执行能力，让自己在管理个人目标的过程中，很好地实现个人成长。

第一节　分解年度目标，制定目标考核奖惩政策

一、年度目标的分解

上一章我们了解了个人年度目标的制定方法，为了便于执行和考核管理，提高落实效率，需要把年度目标分解成月目标、周目标，再将每周的目标任务分解到每天里，成为日目标。通过目标的落实，大学生个人能够合理安排每一周的生活，可以做到有条不紊、张弛有度。

将大学生个人年度目标分解到具体执行时间里，也就是分解成月目标、周目标、日目标。

(一) 年度目标分解为月度目标的方法

年度目标分解成月目标的方法主要是：将年度目标按月平均计算出平均数，在平均数的基础上，再考虑每个月中的假日、学习任务、发展要求等情况，对月平均

预算数额进行调整，调整后的数额就是月度目标数额。

田犁把已经制定好的个人年度目标填到目标表上，形成目标考核一览表，这样使目标任务更加清晰，便于检查和考核。目标表要连续编号，永久存档，作为记录个人发展的珍贵资料。个人年度目标表如表5-1所示。

表5-1 田犁个人年度目标表

编号：田犁年标(2013年)第01号   单位：元

				一、个人财务年度目标		
1	目标内容	年度总目标额	月平均数额(按9个月平均)	落实方案和措施	目标起止期间	考核方式
2	父母现金收入	10 800.00	1 200.00	父母承诺按月给予生活费用	2013.1.1—2013.12.31	按年考核奖惩
3	奖励现金收入	800.00	88.89	通过①调整学习计划；②放电影学习方法；③晚自习自学和复习的方法实现目标	2013.1.1—2013.12.31	按年考核奖惩
4	经营现金收入	3 600.00	400.00	认真工作，尽职尽责；与餐厅领导、同事处理好关系，有500元的关系费用预算保障	2013.1.1—2013.12.31	按年考核奖惩
5	生活现金支出	7 811.69	867.97	尽量在餐厅吃饭；注意着装，但是支出不可超过预算数额	2013.1.1—2013.12.31	按年考核奖惩
6	学习现金支出	4 362.00	484.67	学校固定费用，一般比较稳定	2013.1.1—2013.12.31	按年考核奖惩
7	发展现金支出	2 020.00	224.44	发展支出目标预算费用较宽裕，注意切实用于发展上	2013.1.1—2013.12.31	按年考核奖惩
8	娱乐现金支出	519.86	57.76	适当娱乐，但是控制不可超支	2013.1.1—2013.12.31	按年考核奖惩
9	交往现金支出	290.00	32.22	同学等交往支出，要控制不可超支	2013.1.1—2013.12.31	按月考核奖惩

(续表)

10	医疗现金支出	0	0	锻炼、喝水、按时作息、心平气和少生病	2013.1.1—2013.12.31	按年考核奖惩
11	其他现金支出	0	0	避免罚款的产生	2013.1.1—2013.12.31	按年考核奖惩
12	经营现金支出	500.00	55.56	与餐厅同事处理关系费用	2013.1.1—2013.12.31	按年考核奖惩
13	现金结存	3 292.67	365.85	按每次货币资金收入的10%进行储蓄存款	2013.1.1—2013.12.31	按年考核奖惩
14	财务目标管理说明： 1. 财务目标分解成月目标，并按月考核，对考核结果只做记录进行公示，以提醒尽量按月平均数据完成任务，但不进行奖罚，以年底最终完成情况为准进行经济奖惩。 2. 在执行过程中，考核指标和考核办法因特殊情况需要调整的，可以根据实际情况进行适当调整，并书面记录调整原因和结果。					

二、个人学习和发展年度目标

15	目标内容	年度总目标	落实方案和措施	目标起止期间	考核方式
16	专业学习目标	班级前五名，三等奖学金	通过①改变学习计划；②放电影学习方法；③晚自习自学和复习的方法实现目标	2013.1.1—2013.12.31	按年考核
17	特长学习目标	每周六上午参加校外训练班	周六按时参加训练班	2013.1.1—2013.12.31	按周考核
18	精神文明目标	每两周向校报投稿一次	每隔一周向校报投稿一次	2013.1.1—2013.12.31	按月考核
19	劳动目标	按时去餐厅打扫卫生	每天按时打扫	2013.1.1—2013.12.31	按天考核
20	英语学习目标	每周阅读一篇英文报道	每周日阅读英文报道一篇	2013.1.1—2013.12.31	按周考核

三、个人生活年度目标

21	目标内容	年度总目标	落实方案和措施	目标起止期间	考核方式
22	人际关系目标	认识新朋友；每周给父母打一次电话；多参加团体聚会	注意坚持	2013.1.1—2013.12.31	按年考核

(续表)

23	生活清洁目标	生活环境保持整洁,每周至少洗一次衣服,每周至少洗一次澡	注意坚持	2013.1.1—2013.12.31	按周考核
24	锻炼保健目标	每周锻炼两次,包括打球、散步、爬山等各种运动	注意坚持	2013.1.1—2013.12.31	按周考核
25	饮食文化目标	不吃垃圾食品,晚餐不吃得过饱	注意坚持	2013.1.1—2013.12.31	按周考核
26	创建个人风格目标	塑造自己独特的气质	注意坚持	2013.1.1—2013.12.31	按年考核
27	物质生活目标	保证生活的基本舒适	注意坚持	2013.1.1—2013.12.31	按周考核
28	精神生活目标	参加社会义工活动	注意坚持	2013.1.1—2013.12.31	按年考核
29	谈一场恋爱的目标	可遇不可求	顺其自然	没有规定	没有规定

(二) 田犁把2013年度目标分解成月度目标

将年度目标分解到月份里,形成月目标。每月提前思考完成月目标的方法和措施,填写在"月目标表"空白栏目内(见表5-2),制定出每个月的目标,并进行落实和管理考核。

表5-2　田犁2013年1月的目标表

编号:田犁月标(2013年)　　　　　　　　　　　　　　　　　　　　第01号

类别	重要级别	目标内容	方法和措施	月末完成情况自评
一、财务月目标				
工作指标	A	父母现金收入900元	父母保证准时给予	
	A	经营收入400元	认真劳动	
	A	生活现金支出900元	按计划支出	
	A	发展现金支出125元	按计划支出	
	A	娱乐现金支出60元	按计划支出	
	A	交往现金支出200元	按计划支出	
	A	增加储蓄130元	按计划储蓄	

(续表)

二、学习和发展月目标				
类别	重要级别	目标内容	方法和措施	月末完成情况自评
工作指标	A	完成每天的专业学习任务，争取拿到奖学金	通过①改变学习计划；②放电影学习方法；③晚自习自学和复习的方法实现目标	
	A	参加四次播音主持训练班	周六上午8:30准时参加	
	A	每天打扫餐厅卫生	按时、认真工作	
	A	向校报投两次稿件	必须完成	
	A	阅读四篇英文报道	周日规定阅读时间	
三、生活月目标				
类别	重要级别	目标内容	方法和措施	月末完成情况自评
工作指标	A	参加班委竞选，给父母打电话	准备演讲稿、每周给父母打电话	
	B	保持环境整洁、卫生	每天打扫卫生	
	B	每周锻炼两次	下午打排球	
	B	不吃垃圾食品，晚餐不过饱	坚持	
本月总结	目标完成情况：			
	未完成原因和障碍：			
	对策与方法：			
	创新和收获：			

说明：月底检查目标的完成情况后，填写在"月末完成情况自评"栏内，并在"本月总结"栏目中分析原因，总结收获。

（三）田犁一月份第一周的周目标

将月目标分解成周目标，把大的目标分解成小的行动计划，这样能够将目标落实到具体工作中。田犁一月份第一周的周目标表如表5-3所示。

表 5-3　田犁 1 月份第一周的周目标表

编号：田犁周标(2013 年)　　　　　　　　　　　　　　　　　　　　第 1-01 号

优先顺序	本周主要目标	方法和措施	完成情况
1	每天完成专业学习目标任务		
2	收到父母给的现金 900 元		
3	生活现金支出不超过 220 元		
4	娱乐现金支出不超过 20 元		
5	每天下午打扫餐厅卫生		
6	周日阅读英文报道一篇		
7	打扫一次卫生		
本周其他目标	请注意规划您的生活，平衡您的人生 以下目标做到打 √ 本周有特别的日子吗？请标注 (生日/节日/纪念日)		
理财规划	向银行储蓄存款 90 元		
家庭建设	给父母打电话一次		
学习成长	周六上午参加播音主持训练班		
人际关系	和辅导员沟通一次班委竞选的事情		
健康休闲	不吃垃圾食品，晚餐不过饱，打两次排球		

上表说明："编号：田犁周标(2013 年)第 1-01 号"的意思是：田犁 2013 年 1 月第 1 周的周目标。

(四) 田犁一月份第一周每天的行动目标(日目标)

将一月份第一周的任务，分解到本周的每一天里，这样可以明确知道每天要做的事情，合理地安排自己的生活和工作。日目标表详见表 5-4。

表 5-4　田犁第一周的任务表(日目标)

编号：田犁日标(2013 年)　　　　　　　　　　　　　　　　　　　　第 1-01-01 号

周一		
按 ABC 分类	今日事项要事第一(A 类最重要；B 类重要；C 类次重要)	完成情况
A	完成专业学习任务目标	
A	下午打扫餐厅卫生	
B	日支出现金 32 元左右	

(续表)

周二		
按 ABC 分类	今日事项要事第一(A 类最重要；B 类重要；C 类次重要)	完成情况
A	完成专业学习任务目标	
A	下午打扫餐厅卫生	
B	日支出现金 32 元左右	
B	打一次排球	
周三		
按 ABC 分类	今日事项要事第一(A 类最重要；B 类重要；C 类次重要)	完成情况
A	完成学习任务目标	
A	下午打扫餐厅卫生	
B	日支出现金 32 元左右	
C	找辅导员沟通一次	
周四		
按 ABC 分类	今日事项要事第一(A 类最重要；B 类重要；C 类次重要)	完成情况
A	完成专业学习任务目标	
A	下午打扫餐厅卫生	
B	日支出现金大约 32 元左右	
B	打一次排球	
周五		
按 ABC 分类	今日事项要事第一(A 类最重要；B 类重要；C 类次重要)	完成情况
A	完成专业学习任务目标	
A	下午打扫餐厅卫生	
B	日支出现金 32 元左右	
B	收到父母现金 900 元	
B	给父母打电话	

(续表)

周六		
按 ABC 分类	今日事项要事第一(A 类最重要；B 类重要；C 类次重要)	完成情况
A	上午参加播音主持训练班	
A	下午打扫餐厅卫生	
B	日支出现金 32 元左右	
A	向银行储蓄存款 120 元	
周日		
按 ABC 分类	今日事项要事第一(A 类最重要；B 类重要；C 类次重要)	完成情况
B	清洁卫生	
A	阅读一篇英文报道	
B	休闲娱乐	

上表说明：

1. 周目标和日目标由个人自己制定，表中"完成情况"栏目由自己检查执行结果后如实填写。

2. "编号：田犁目标(2013 年)第 1-01-01 号"的意思是：田犁 2013 年 1 月份第 1 周的日计划指标表。

3. 上述表格由执行人连续编号，每月装订存档，作为个人历史档案永久保存。

二、目标分解表的用途

(一) 便于执行和落实

将年度目标分解成月目标、周目标、日目标，这样可以把自己的愿景目标很好地落实到行动和具体时间上，保证目标的实现。

(二) 避免日子忙乱，虚度光阴

周目标和日目标让每个人的生活和工作具有计划性，有条不紊地做好每一件事情，避免了忙乱却无成绩的生活方式。

(三) 作为考核目标实现情况的依据

每个人每周要考核总结一下一周目标的实现情况，每月考核总结一下一月目标的实现情况，每年考核总结一下一年目标的实现情况，这些总结考核工作的依据，就是年、月、日目标表的内容。

（四）提高个人财务管理、目标管理、组织管理和自我管理的能力

通过个人记账；编制预算；制定年度财务目标、学习目标、发展目标、生活目标；分解年度目标为月、周、日目标；制定实现目标的措施；坚持执行实现目标的相关措施；定期检查考核目标的实现情况；根据检查结果适当对自己进行奖惩。这个过程就是一个完整的组织管理和自我管理的过程，大学生经历四年的个人管理，不仅能够使个人目标得以很好地实现，同时也能成长为一个高素质的管理人才。

三、个人目标管理考核工具

（一）个人目标管理的工具——"个人组织会议"

个人组织和社会组织一样，需要定期地召开会议，检查工作，分析总结以前的工作，调整、布置下一步的工作任务。个人的管理工具就是个人组织会议，个人自己定期召开周会议、月会议、年会议，通过这种会议工具，和企业一样管理个人组织的行为。

（二）个人目标监督工具——会议纪要

大学生个人自己召开"周会议""月会议""年会议"，每次会议都要实事求是地记录下会议内容，形成"会议纪要"。

会议纪要在存档时要连续编号，并且和每次会议的其他资料一起装订成册，进行存档。

会议纪要可以定期向亲人、信任的朋友或者邀请的管理监督人公示，接受他们的监督，促进个人管理的到位。

（三）个人目标考核工具——奖惩管理细则

个人目标实现情况的好坏，也要相应设置一定的奖惩制度，这符合组织管理的原理。有目标没有考核，就缺乏执行力；有考核没有对结果的奖惩，就丧失了责任心。设置考核和奖惩制度，让每个人对自己的言行结果负责任。

1. 奖励资金的来源和使用

在编制预算的时候，已经预留出部分"预算准备金"，用于奖励的资金就来自于

"预算准备金"，或者从储蓄资金中抽取一定比例作为奖励资金使用。虽然个人的资金全部由自己管理，但是"预算准备金"和储蓄存款不符合规定的用途，不可以随意支取。自己所得到的奖励资金，可以作为个人的"小金库"使用，不受预算指标的限制。

2. 考核打分制度

(1) 按月考核奖惩规定

根据目标表规定的内容，把月考核的非资金目标转换成相应分数，如未完成一项扣 2 分，每分规定 10 元钱。如果全部指标完成，可以根据自己的财力，预先规定最高奖励数额。田犁规定月指标全部完成奖励 50 元。

(2) 按年考核奖惩规定

根据目标表规定的内容，把年考核的非资金目标转换成相应分数，如未完成一项扣 2 分，每分规定 10 元钱。如果全部指标完成，可以根据自己的财力，预先规定最高奖励数额。田犁规定年指标全部完成，奖励 200 元。

3. 对"现金支出"目标的考核

如果全年实际支出的数额小于财务目标的数额，则按节约数额的 30%计算进行奖励；超出财务目标的数额，按超额的 10%计算罚款。由于客观原因导致超出目标数额的，视其情况可给予相应免除。没有个人"小金库"资金交付罚款的，从以后的奖励资金中扣除，扣除欠缴的罚款后，剩余部分作为奖励资金，纳入个人"小金库"管理。

4. 对收入目标的考核

全年收入的实际数额和财务目标数额相比较，超额完成的部分按30%计算奖励；不足的部分，按其 10%计算罚款。由于客观原因导致超出目标数额的，视其情况可给予相应免除。没有个人"小金库"资金交付罚款的，从以后奖励资金中扣除，扣除欠缴的罚款后，剩余部分作为奖励资金，纳入个人"小金库"管理。

5. 年底鼓励奖

如果有条件的话，全年目标全部完成，经过父母审核"会议纪要"内容，并与年度目标表进行比较,确认全年目标全部完成,父母可以一次性给予一定数额的现金奖励。

6. 加强对个人目标管理的监督

每月 5 日将上月目标执行和考核管理情况，以及会议纪要提报给父母、朋友或约定的执行监督人审阅，接受监督和指导，促进个人目标的继续执行和有效管理。

第二节　个人目标的管理考核过程

一、利用个人管理的三个工具，进行个人目标的管理

综上所述，个人组织的三大工具是：

个人目标管理工具——个人组织会议；

个人目标监督工具——会议纪要；

个人目标考核工具——奖惩管理细则。

实现个人组织的良好管理，需要适合的管理工具和管理方法。下面对最重要的个人目标管理工具—— 个人组织会议进行具体讲述。

二、个人组织会议的作用

组织会议是一个组织研究、确定、布置、落实、检查、修正、统一思想等诸多管理手段的集中实施工具。"个人组织会议"也一样，召开个人组织会议就是个人支持会议，即亲自考核、总结、奖惩、布置自己下一步的工作，促进个人继续发展成长。

三、召开"个人组织会议"需准备的资料

(1) 个人的年目标表、月目标表、周目标表、日目标表，并且内容要填写完整。

(2) 月会议、年会议要把个人账务记录完毕，并编制好个人收支损益报表和资产负债表。

(3) 年会议要把本年全部财务目标实际数额和预算数额进行比较，判定目标的完成情况。

(4) 年会议可以邀请监督人参加，或者信任的亲人、朋友参加。

(5) 其他需要准备的资料，如能够说明个人学习、工作、生活情况的资料。

上述会议等资料作为个人会议纪要的附件资料，装订成册一并存档。

四、个人会议的内容

(1) 对目标指标执行情况的评定、奖惩，并提出下期应该注意和避免的情况。

(2) 讨论思考目前面临或存在的问题，制定解决的办法，并确定解决问题的时间安排和程序。

(3) 可以邀请其他人参加，并讨论任何需要讨论的问题。

五、"个人组织会议"的形式

"个人组织会议"分为如下几种形式。

(1) 周会议：每周六晚上召开，特殊情况可以调整召开时间。

(2) 月会议：每月末召开，特殊情况可以适当调整召开时间。

(3) 年会议：年底择日召开。

(4) 专题会议：个人在遇到需要解决的问题时，可召开临时会议。

六、周会议的内容形式

田犁2013年1月份第一周"周会议"的内容如下。

(一) 提交周目标表和日目标表

对自己一周的工作进行评定，并填写在周目标表上的"完成情况"栏。周目标表如表5-5所示，日目标表如表5-6所示。

表5-5　田犁1月份第一周周目标表

编号：田犁周标(2013年)　　　　　　　　　　　　　　　　　　　第1-01号

优先顺序	本周主要目标	请检查您的"周目标" 请在上周五前规划填写 按目标重要程度规划优先顺序 完成一项，在完成情况处打√	完成情况
1	每天完成专业学习目标任务		×
2	收到父母给的现金900元		√

（续表）

优先顺序	本周主要目标	请检查您的"周目标" 请在上周五前规划填写 按目标重要程度规划优先顺序 完成一项，在完成情况处打√	完成情况
3	生活现金支出不超过 220 元		√
4	娱乐现金支出不超过 20 元		√
5	每天下午打扫餐厅卫生		√
6	周日阅读英文报道一篇		√
7	打扫一次卫生		√
本周其他目标		请注意规划您的生活，平衡您的人生 以下目标做到打√ 本周有特别的日子吗？请标注 （生日/节日/纪念日）	
理财规划	向银行储蓄存款 90 元		√
家庭建设	给父母打电话一次		√
学习成长	周六上午参加播音主持训练班		√
人际关系	和辅导员沟通一次班委竞选的事情		×
健康休闲	不吃垃圾食品，晚餐不过饱，打两次排球		√

上表说明："编号：田犁周标(2013 年)第 1-01 号"的意思是：田犁 2013 年 1 月份第 1 周的周目标。

表 5-6　田犁第一周的任务表(日目标)

编号：田犁目标(2013 年)　　　　　　　　　　　　　　　　第 1-1-01 号

周一		
按 ABC 分类	今日事项要事第一(A 类最重要；B 类重要；C 类次重要)	完成情况
A	完成专业学习任务目标	√
A	下午打扫餐厅卫生	√
B	日支出现金 32 元左右	√
周二		
按 ABC 分类	今日事项要事第一(A 类最重要；B 类重要；C 类次重要)	完成情况
A	完成专业学习任务目标	×
A	下午打扫餐厅卫生	√
B	日支出现金 32 元左右	√
B	打一次排球	√

(续表)

周三		
按 ABC 分类	今日事项要事第一(A 类最重要；B 类重要；C 类次重要)	完成情况
A	完成专业学习任务目标	√
A	下午打扫餐厅卫生	√
B	日支出现金 32 元左右	√
C	找辅导员沟通一次	×

周四		
按 ABC 分类	今日事项要事第一(A 类最重要；B 类重要；C 类次重要)	完成情况
A	完成专业学习任务目标	√
A	下午打扫餐厅卫生	√
B	日支出现金 32 元左右	√
B	打一次排球	√

周五		
按 ABC 分类	今日事项要事第一(A 类最重要；B 类重要；C 类次重要)	完成情况
A	完成专业学习任务目标	√
A	下午打扫餐厅卫生	√
B	日支出现金 32 元左右	√
B	收到父母现金 900 元	√
B	给父母打电话	√

周六		
按 ABC 分类	今日事项要事第一(A 类最重要；B 类重要；C 类次重要)	完成情况
A	上午参加播音主持训练班	√
A	下午打扫餐厅卫生	√
B	日支出现金 32 元左右	√
A	向银行储蓄存款 120 元	√

周日		
按 ABC 分类	今日事项要事第一(A 类最重要；B 类重要；C 类次重要)	完成情况
B	清洁卫生	√
A	阅读一篇英文报道	√
B	休闲娱乐	√

上表说明：

1. 周目标和日目标由个人自己制定，表中"完成情况"栏目由自己检查结果后如实填写。

2. "编号：田犁日标(2013 年)第 1-1-01 号"的意思是：田犁 2013 年 1 月份第 1 周的日计划指标表。

3. 上述表格由执行人连续编号，每月装订存档，作为个人档案永久保存，成为个人历史资料。

(二) 田犁"个人组织会议"会议纪要的内容

田犁"个人组织会议"会议纪要的内容如表 5-7 所示。

表 5-7　田犁"个人组织会议"周会议的会议纪要

编号：个人组织会议纪要(2013 年)　　　　　　　　　　　　　　　　　第 01 号

会议时间： 2013 年 1 月 7 日

会议地点： 学校图书馆

会议性质： 例行周会

参加人员： 田犁

会议主持人： 田犁

会议的内容：

一、田犁抒发执行个人目标管理后的感想

1. 今天是个人组织的第一次周会议，是一个良好的开端，这标志着个人已经长大成人，并且能够自觉良好地管理自己，有希望让自己在四年的大学时代，成长为一个对社会有用的高素质"人才"。

2. 通过对自己的目标管理，让父母放心，使父母得到安慰，也是对父母最大的回报。

3. 通过管理个人目标，学会财务管理、目标管理、组织管理的技能，让自己在大学时代就开始从事财务总监和总经理的管理工作。

4. 通过开展目标管理，让自己的生活变得从容，更加有希望、有意义；感觉每天都在进步，让自己充满了自信和力量，并自信一定会成为一个具有综合能力和素质的"人才"。

二、田犁总结上周目标执行情况

1. 本周的目标有两项没有完成，包括学习专业的目标和与老师沟通的目标。分析原因是：

(1) 未与辅导员沟通，原因是辅导员有事请假，一周时间没在学校。

(2) 学习目标未全部完成，是因为周二老师布置写一篇调研报告，需要到图书馆查阅资料，所以没有时间自学新课程，周二学习的课程内容也没有进行复习。

2. 未完成的周目标的改善措施：

(1) 对于未完成的学习目标，第二天找时间补上。

(2) 等待辅导员老师回校后再与她沟通。

三、对执行个人目标管理存在的问题和困惑

1. 容易被偶然的事情所打扰，解决的策略是：

第一，灵活地安排时间和任务，可以在时间上适当调整；

第二，区分事情的重要与不重要性，学会拒绝和巧妙安排；

第三，可以把做事的顺序适当调整，因为目标的考核最终是以月和年为单位，只要每月和一年的总目标实现就可以了。周会议更多是为了督促目标的实现，很多目标不作为考核依据。

(续表)

2. 执行个人目标管理需要有自我管理能力，要坚持。

四、其他内容

1. 最近自己的脾气有些急，注意心平气和。

2. 继续努力，加油！

参会人员签字：田犁

会议内容记录人：田犁

(三) 会议资料存档

将"周目标表""日目标表"和"会议纪要"进行整理，并一起存入个人档案。

第六章 "月会议"的内容

本章讲述的主要内容是记录和处理 1 月份的账务,召开 1 月份的个人"月会议",管理和考核 2013 年 1 月份的月目标。

为了给月会议提供财务数据,判定财务目标的完成情况,田犁对 1 月份的个人财务进行了记账工作,并编制了个人收支损益表和资产负债表。

一、田犁 2013 年 1 月份的账务处理

生活中支出很频繁和琐碎,为了减少记账的工作量,可以适当将业务性质相同的原始凭证合并,然后一次性进行记录。

(一) 收支业务

2013 年 1 月发生的收支业务如下(同类财务业务进行汇总列示,见图 6-1～图 6-36)。

1. 2013 年 1 月 4 日

田犁收到父母通过工商银行卡打给的现金 900 元(原始凭证:"银行回执"一张,见图 6-1、图 6-2)。

2. 2013 年 1 月 5 日

在工行储蓄卡中提取现金 810 元(原始凭证:"银行回执"一张,见图 6-3、图 6-4)。

3. 2013 年 1 月 5 日

向饭卡充值 600 元(原始凭证:学校开具的"收据"一张,见图 6-5、图 6-6)。

4. 2013 年 1 月 6 日

电话卡充值 50 元(原始凭证:电信发票一张,见图 6-7、图 6-8)。

5. 2013 年 1 月 7 日

购买护肤霜两袋,支付现金 5.20 元,购买洗面奶一瓶,支付现金 18 元(原始凭证:超市发票一张,见图 6-9、图 6-10)。

6. 2013 年 1 月 10 日

购买春装一套,支付现金 150 元(原始凭证:商场"销货单"一张,见图 6-11、图 6-12)。

7. 2013 年 1 月 12 日

购本子 5 个,支付现金 20 元,签字笔 2 支,支付现金 3 元(原始凭证:书店小票一张,见图 6-13、图 6-14)。

8. 2013 年 1 月 15 日

高中同学来玩,在学校食堂买了一份饭,刷卡支付 20 元(原始凭证:田犁写的便条一张,见图 6-15、图 6-16)。

9. 2013 年 1 月 25 日

预付 2 月份至 4 月份的演讲训练班费用 375 元,以银行卡刷卡支付(原始凭证:举办单位开具的"收据"一张,见图 6-17、图 6-18)。

10. 2013 年 1 月 31 日

本月购买水果,合计支出现金 62.5 元(原始凭证:田犁写的"采购水果明细表"一张,见图 6-19、图 6-20)。

11. 2013 年 1 月 31 日

月底查阅饭卡充值卡的余额,发现还有余额 32 元;月底查阅电话充值卡的余额,发现还有余额 8 元(原始凭证:田犁写的"证明条"一张,见图 6-21、图 6-22)。

以上剩余的金额因为并未消费,所以应该从"生活现金支出"里扣除。

12. 2013 年 1 月 31 日

计算本月生活高值物品手提电脑的使用折旧费(原始凭证:田犁写的"折旧计算单"一份,见图 6-23、图 6-24)。

13. 2013 年 1 月 31 日

摊销上年现金交付的演讲班费用 125 元(原始凭证:田犁写的"待摊费用计算单"一份,见图 6-25、图 6-26)。

14. 2013 年 1 月 31 日

收到打扫餐厅现金收入 400 元(原始凭证:田犁写的"收条"一张,见图 6-27、图 6-28)。

15. 2013 年 1 月 31 日

赠送餐厅同事礼物,支出现金 110 元(原始凭证:田犁写的便条一张,见图 6-29、图 6-30)。

16. 2013 年 1 月 31 日

按收到现金数额 10%的比例进行储蓄存款,同时查询存款数额,确认存款利息收入 2.55 元。(原始凭证:"银行回执""一月份银行交易明细"各一张,见图 6-31~图 6-33)。

17. 2013 年 1 月 31 日

月底结转全部收入、支出到"本年收支结余"科目(见图 6-34~图 6-36)。

(二) 收支业务记账凭证

原始凭证上的时间是记录财务业务发生的时间,记账凭证上的时间是对原始凭证进行账务处理的时间。为了简化家庭账务处理工作,可以将同类业务合并处理,也可以月底集中进行账务处理,所以原始凭证上的时间和记账凭证上的时间可以不一致。当然如果时间充裕,最好每周都进行账务处理。

记 账 凭 证

2013 年 1 月 4 日

总号	1
分号	

摘 要	编号	总账科目	明细科目	记账	借方金额	贷方金额
收到父母打入工行		现金结存	银行存款(工行)	√	90000	
卡的款项		现金收入	父母现金收入	√		90000
附件： 1 张		合 计 金 额			90000	90000

屏核　　操机　　记账 田犁　稽核　　　出纳 田犁　制证 田犁

图 6-1　收到父母汇款的记账凭证

银行卡历史交易明细

功能号：1查询　　　　理财卡卡号：629762941224180
用户编号：0101活期存款　理财帐户笔号：
起始日期：2013-01-01　结束日期：2013-01-04
账户名称：田犁

交易日期	笔号	存期	币别	借方发生额	贷方发生额	余额	摘要
20130101			人民币			2003.51	
20130404			人民币		900.00	2903.51	存入

图 6-2　收到父母汇款的原始凭证

记 账 凭 证

2013 年 1 月 5 日

总号	2
分号	

摘 要	编号	总账科目	明细科目	记账	借方金额	贷方金额
向银行提款		现金结存	现 金	√	81000	
		现金结存	银行存款(工行)	√		81000
附件： 1 张		合 计 金 额			81000	81000

屏核　　操机　　记账 田犁　稽核　　　出纳 田犁　制证 田犁

图 6-3　向银行提取现金的记账凭证

个人业务取款回单

账（卡）号
16070015011028148651
户 名
田犁
交易额
810.00
网点号
907030160
日期
2013/01/05
顺序号
9070301600020000094

经办：

图 6-4 向银行提取现金的原始凭证

记 账 凭 证

2013 年 1 月 5 日

总号	3
分号	

摘 要	编号	总账科目	明细科目	记账	借方金额	贷方金额
					千 百 十 万 千 百 十 元 角 分	千 百 十 万 千 百 十 元 角 分
向饭卡充值		现金支出	生活现金支出	√	6 0 0 0 0	
		现金结存	现金	√		6 0 0 0 0
附件： 1 张		合 计 金 额			6 0 0 0 0	6 0 0 0 0

屏核   操机   记账 田犁 稽核   出纳 田犁 制证 田犁

图 6-5 饭卡充值的记账凭证

收 据   № 0009037

单位：田犁   2013 年 1 月 5 日

品 名	单位	数量	单价	金 额	备注
				十万 千 百 十 元 角 分	
饭卡充值				¥ 6 0 0 0 0	
合计（大写）零拾零万零零仟陆佰零拾零元零角零分				¥ 600.00	

负责人   制单：王莎

图 6-6 饭卡充值的原始凭证

记　账　凭　证

总号	4
分号	

2013 年　1 月　6 日

摘　　要	编　号	总账科目	明细科目	记账	借方金额 (千百十万千百十元角分)	贷方金额 (千百十万千百十元角分)
电话卡充值		现金支出	生活现金支出	√	5 0 0 0	
		现金结存	现金	√		5 0 0 0
附件：　1　张		合　计　金　额			5 0 0 0	5 0 0 0

屏　核　　　　操　机　　　记　账　田犁　稽　核　　　　出　纳　田犁　　制　证　田犁

图 6-7　电话卡充值的记账凭证

图 6-8　电话卡充值的原始凭证

记 账 凭 证

2013 年 1 月 7 日

摘　　要	编号	总账科目	明细科目	记账	借方金额 千百十万千百十元角分	贷方金额 千百十万千百十元角分
购买洗化用品		现金支出	生活现金支出	√	2 3 2 0	
		现金结存	现金	√		2 3 2 0
附件：　1　张		合　计　金　额			2 3 2 0	2 3 2 0

屏核　　　操机　　　记账 田犁　稽核　　　出纳 田犁　制证 田犁

图 6-9　购买洗化用品的记账凭证

图 6-10　购买洗化用品的原始凭证

记 账 凭 证

2013 年 1 月 10 日

总号	6
分号	

摘　要	编号	总账科目	明细科目	记账	借 方 金 额 千百十万千百十元角分	贷 方 金 额 千百十万千百十元角分
购买春装一套		现金支出	生活现金支出	√	1 5 0 0 0	
		现金结存	现　金	√		1 5 0 0 0
附件：　1　张		合　计　金　额			1 5 0 0 0	1 5 0 0 0

屏核　　　操机　　　记账 田犁　稽核　　　出纳 田犁　制 证 田犁

图 6-11　购买衣服的记账凭证

图 6-12　购买衣服的原始凭证

记 账 凭 证

2013 年 1 月 12 日

总号	7
分号	

摘　要	编号	总账科目	明细科目	记账	借 方 金 额 千百十万千百十元角分	贷 方 金 额 千百十万千百十元角分
购买本子、笔		现金支出	学习现金支出	√	2 3 0 0	
		现金结存	现　金	√		2 3 0 0
附件：　1　张		合　计　金　额			2 3 0 0	2 3 0 0

屏核　　　操机　　　记账 田犁　稽核　　　出纳 田犁　制 证 田犁

图 6-13　购买学习用品的记账凭证

图6-14 购买学习用品的原始凭证

记 账 凭 证

总号	8
分号	

2013 年 1 月 15 日

摘　　　要	编 号	总账科目	明细科目	记账	借 方 金 额 千百十万千百十元角分	贷 方 金 额 千百十万千百十元角分
在校食堂招待同学		现金支出	交往现金支出	√	2000	
(刷饭卡支付)		现金支出	生活现金支出	√		2000
附件：　1　张		合　计　金　额			2000	2000

屏 核	操 机	记 账 田犁	稽 核	出 纳 田犁	制 证 田犁

图6-15 刷饭卡招待同学的记账凭证

招待同学费用的自制凭证

2013 年 1 月 15 日，同学甘华来玩，在学校食堂刷饭卡招待同学，支付费用 20.00 元。

田 犁

2013 年 1 月 15 日

图 6-16　刷饭卡招待同学的原始凭证

记 账 凭 证

2013 年 1 月 25 日

总号	9
分号	

摘　　要	编　号	总账科目	明细科目	记账	借 方 金 额											贷 方 金 额										
					千	百	十	万	千	百	十	元	角	分	千	百	十	万	千	百	十	元	角	分
预付2-4月		待摊费用	培训费	√					3	7	5	0	0												
演讲训练班费用		现金结存	银行存款(工行)	√																3	7	5	0	0
附件：　1　张		合　计　金　额							3	7	5	0	0							3	7	5	0	0

屏核　　　操机　　　记账 田犁 稽核　　　出纳 田犁 制证 田犁

图 6-17　预付演讲训练班费用的记账凭证

收 据　№0009036

单位：田犁　　　　　　　　　　　2013 年 1 月 25 日

品　　名	单位	数量	单价	金　额							备注
				十	万	千	百	十	元	角 分	
预收3个月演讲培训费375元(2-4月)					￥	3	7	5	0	0	

合计(大写)零拾零万零仟叁佰柒拾伍元零角零分　￥375.00

负责人　　　　　　　　　制单：李红

第三联 交客户

图 6-18　预付演讲训练班费用的原始凭证

记 账 凭 证

2013 年 1 月 31 日

总号	10
分号	

摘　要	编号	总账科目	明细科目	记账	借方金额 千百十万千百十元角分	贷方金额 千百十万千百十元角分
购水果费用		现金支出	生活现金支出	√	6 2 5 0	
		现金结存	现　金	√		6 2 5 0
附件： 1 张		合 计 金 额			6 2 5 0	6 2 5 0

屏　核　　　操　机　　　记账 田犁　稽　核　　　　出　纳 田犁　制　证 田犁

图 6-19　购买水果的记账凭证

一月份购买水果费用统计表

序号	名称	单位	数量	单价/元	金额
1	苹果	斤	10.0	3.50	35.00
2	梨	斤	3.0	2.80	8.40
3	西瓜	斤	6.0	1.60	9.60
4	小柿子	斤	3.8	2.50	9.50
合计金额	62.50 元				

田　犁

2013 年 1 月 31 日

图 6-20　购买水果的原始凭证

记 账 凭 证

2013 年 1 月 31 日

总号	11
分号	

摘　要	编号	总账科目	明细科目	记账	借方金额 千百十万千百十元角分	贷方金额 千百十万千百十元角分
月底饭卡结存		现金结存	其他货币资金	√	4 0 0 0	
月底电话卡结存		现金支出	生活现金支出	√		4 0 0 0
附件： 1 张		合 计 金 额			4 0 0 0	4 0 0 0

屏　核　　　操　机　　　记账 田犁　稽　核　　　　出　纳 田犁　制　证 田犁

图 6-21　月末查询饭卡、电话卡余额的记账凭证

月末饭卡、电话卡余额自制凭证

截止于 2013 年 1 月 31 日，经过查询，饭卡余额为 32.00 元，电费卡余额为 8.00 元，合计金额 40.00 元。

田 犁

2013 年 1 月 31 日

图 6-22　月末查询饭卡、电话卡余额的原始凭证

记 账 凭 证

2013 年 1 月 31 日

总号	12
分号	

摘　　要	编号	总账科目	明细科目	记账	借 方 金 额										贷 方 金 额									
					千	百	十	万	千	百	十	元	角	分	千	百	十	万	千	百	十	元	角	分
计提电脑折旧		实物支出	学习实物支出	√							5	5	4	2										
		实物结存	生活高值物品折旧	√																	5	5	4	2
附件：　1　张		合　计　金　额									5	5	4	2							5	5	4	2

屏　核　　　　操　机　　　　记　账　田犁　稽　核　　　　出　纳　田犁　制　证　田犁

图 6-23　计算高值物品使用折旧费的记账凭证

计算提取电脑使用折旧费用自制凭证

手提电脑的原始价值为 3 500.00 元，按国家规定预计使用 5 年，净残值率 5%。电脑每月的使用折旧费如下：

3 500.00×(1−5%)÷5÷12＝55.42 元/月

田 犁

2013 年 1 月 31 日

图 6-24　计算高值物品使用折旧费的原始凭证

记 账 凭 证

总号	13
分号	

2013 年 1 月 31 日

摘 要	编 号	总账科目	明细科目	记账	借 方 金 额									贷 方 金 额								
					千	百	十	万	千	百	十	元	角	分	千	百	十	万	千	百	十	元	角	分
摊销上年交付的		现金支出	发展现金支出	√						1	2	5	0	0										
演讲班费用		待摊费用	培训费	√																1	2	5	0	0
附件: 1 张		合 计 金 额								1	2	5	0	0							1	2	5	0	0

屏 核　　　操 机　　　记 账 田犁　稽 核　　　出 纳 田犁　制 证 田犁

图 6-25　计算"待摊费用"分摊的记账凭证

待摊费用每月摊销金额计算单

　　9 月底预付 4 个月的演讲培训班费用 500.00 元，学习期间为 2012 年 10 月至 2013 年 1 月，共 4 个月，平均每月的分摊费用额为：500.00÷4＝125.00 元/月。

田 犁

2013 年 1 月 31 日

图 6-26　计算"待摊费用"分摊的原始凭证

记 账 凭 证

总号	14
分号	

2013 年 1 月 31 日

摘 要	编 号	总账科目	明细科目	记账	借 方 金 额									贷 方 金 额								
					千	百	十	万	千	百	十	元	角	分	千	百	十	万	千	百	十	元	角	分
收到打扫餐厅收入		现金结存	现 金	√						4	0	0	0	0										
		投资经营收入	投资经营现金收入	√																4	0	0	0	0
附件: 1 张		合 计 金 额								4	0	0	0	0							4	0	0	0	0

屏 核　　　操 机　　　记 账 田犁　稽 核　　　出 纳 田犁　制 证 田犁

图 6-27　收到勤工助学收入的记账凭证

收到勤工助学收入自制凭证

收到打扫学校餐厅卫生劳务现金收入 400.00 元。

田　犁

2013 年 1 月 31 日

图 6-28　收到勤工助学收入的原始凭证

记　账　凭　证

2013 年　1 月　31 日

总号	15
分号	

摘　　要	编号	总账科目	明细科目	记账	借　方　金　额 千百十万千百十元角分	贷　方　金　额 千百十万千百十元角分
赠送餐厅同事礼物		投资经营支出	投资经营现金支出	√	1 1 0 0 0	
		现金结存	现　金	√		1 1 0 0 0
附件：　1　张		合　计　金　额			1 1 0 0 0	1 1 0 0 0

屏 核　　　操 机　　　记账 田犁　稽 核　　　出 纳 田犁　制 证 田犁

图 6-29　给同事送礼物的记账凭证

为勤工助学支出费用自制凭证

餐厅工作人员李维阳过生日，为他购买生日礼物，支付现金 110.00 元。

田　犁

2013 年 1 月 31 日

图 6-30　给同事送礼物的原始凭证

记 账 凭 证

2013 年 1 月 31 日

总号	16
分号	

摘 要	编号	总账科目	明细科目	记账	借 方 金 额	贷 方 金 额
					千百十万千百十元角分	千百十万千百十元角分
按现金收入10%的		现金结存	银行存款(工行)	√	4 0 0 0	
比例存储现金		现金结存	现金	√		4 0 0 0
存款利息收入		现金结存	银行存款(工行)		2 5 5	
		现金收入	其他现金收入			2 5 5
附件: 2 张		合 计 金 额			4 2 5 5	4 2 5 5

屏核　　操机　　记账 田犁　稽核　　　出纳 田犁　制证 田犁

图 6-31　现金存入银行和银行利息的记账凭证

图 6-32　现金存入银行的原始凭证

功能号:1查询	银行卡历史交易明细				
用户编号:0101活期存款	理财卡卡号:1607001501102814865				
起始日期:2013-01-26	理财帐户笔号:				
账户名称:田犁	结束日期:2013-01-31				

交易日期	笔号	存期	币别	借方发生额	贷方发生额	余额	摘要
20130126			人民币			1758.51	ATM取款
20130127			人民币		2.55	1761.06	结息

图 6-33　银行账户利息入账的原始凭证

记 账 凭 证

2013 年 1 月 4 日

总号	17
分号	

摘　　要	编　号	总账科目	明细科目	记账	借方金额	贷方金额
月末结转收入		现金收入	其他现金收入	√	2 5 5	
到"本年收支结余"		现金收入	父母现金收入	√	9 0 0 0 0	
科目		投资经营收入	投资经营现金收入	√	4 0 0 0 0	
		累计收支结余	本年收支结余	√		1 3 0 2 5 5
附件：　　张		合　计　金　额			1 3 0 2 5 5	1 3 0 2 5 5

屏 核　　操 机　　记 账 田犁　稽 核　　出 纳 田犁　制 证 田犁

图 6-34　月末收入结转"本年收支结余"的记账凭证

记 账 凭 证

2013 年 1 月 31 日

总号	18½
分号	

摘　　要	编　号	总账科目	明细科目	记账	借方金额	贷方金额
月末结转支出		累计收支结余	本年收支结余	√	1 1 5 9 1 2	
到"本年收支结余"科目		现金支出	生活现金支出	√		8 2 5 7 0
		现金支出	学习现金支出			2 3 0 0
		现金支出	交往现金支出			2 0 0 0
		现金支出	发展现金支出			1 2 5 0 0
		投资经营支出	投资经营现金支出			1 1 0 0 0
附件：　　张		合　计　金　额			1 1 5 9 1 2	1 1 0 3 7 0

屏 核　　操 机　　记 账 田犁　稽 核　　出 纳 田犁　制 证 田犁

图 6-35　月末支出结转"本年收支结余"的记账凭证(1)

记 账 凭 证

2013 年 1 月 31 日

总号 18½
分号

摘 要	编 号	总账科目	明细科目	记账	借 方 金 额	贷 方 金 额
					千百十万千百十元角分	千百十万千百十元角分
		实物支出	学习实物支出			5 5 4 2
附件: 张		合 计 金 额			1 1 5 9 1 2	1 1 5 9 1 2

屏 核   操 机   记 账 田犁   稽 核   出 纳 田犁   制 证 田犁

图 6-36 月末支出结转"本年收支结余"记账凭证(2)

(三) 设置 2013 年的总账和明细账

1. 确定下年账簿科目期初余额的方法

(1) 资产负债表上科目的期初余额的确定方法

根据 2012 年个人会计报表数据，得到截止到 2012 年 12 月 31 日资产负债表科目的数据，这些数据是 2012 年底个人会计报表的期末余额，也是 2013 年账簿的期初余额。把这些数据结转到下年相应的账簿科目余额栏，就是新的一年账簿的期初数。

(2) 收支损益表上科目的期初余额的确定方法

损益表上的科目只有发生额，没有余额，所以不需要把余额过到下一年度。

开始登记 2013 年 1 月份的新账时，首先要将 2013 年的期初余额填写到相应账簿科目的"余额"栏内，明细科目的余额填写在明细账上，总账科目的余额填写在总账上，填写上日期，粘贴上科目"口取纸"，建立起新的账簿。

2012 年期末余额如表 6-1 所示。

表6-1 个人资产负债表

报表日期：2012 年 12 月 31 日   单位：元

项 目 名 称	行次	本年期初数额	本年期末数额	项 目 名 称	本年期初数额	本年期末数额
个人资产	1			个人负债和净资产		
一、资产结存	2			一、应付款项		4 000.00
1. 现金结存	3		3 461.22	其中：应付现金		4 000.00
其中：现金	4		390.71	应付实物		
银行存款	5		2 003.51	二、预提费用		
其他货币资金	6		1 067.00	三、累计收支结余		3 364.54
2. 实物结存	7		3 278.32	其中：本年收支结余		3 364.54
其中：生活高值物品结存	8		3 500.00	以前年度累计结余		
减：生活高值物品折旧	9		221.68			
借入实物	10					
3. 投资经营结存	11					
其中：投资经营高值物品结存	12					
减：投资经营高值物品折旧	13					
投资经营无形资产结存	14					
减：投资经营无形资产摊销	15					
货币资金和实物结存合计	16		6 739.54			
二、应收款项	17		500.00			
其中：应收现金	18		500.00			
应收实物	19					
三、待摊费用	20		125.00			
全部个人资产累计	21		7 364.54	负债和净资产累计		7 364.54

填表说明：个人资产负债表上所有科目的数额，是根据账簿科目上的"余额"数据进行填写。

(四) 将记账凭证的内容登记到明细账上

建立起 2013 年的新账簿后，将 1 月份已经做好的记账凭证的内容逐笔登记到明细账簿中(见图 6-37～图 6-55)。

父母现金收入 明 细 账

第 1 页	
一 级 科 目	现金收入
二级科目及明细科目	父母现金收入

父母现金收入

2013年		记账凭证		摘 要	借（收）方										贷（付）方										收借或付贷	余 额									
月	日	种类	号数		亿	千	百	十	万	千	百	十	元	角	分	亿	千	百	十	万	千	百	十	元	角	分		亿	千	百	十	万	千	百	十	元	角	分
1	4		1	收到父母打入工行卡款项																	9	0	0	0	0	贷							9	0	0	0	0
1	31		17	月末结转本年结余						9	0	0	0	0																					0	0	0
				本月合计						9	0	0	0	0							9	0	0	0	0										0	0	0

图 6-37 "父母现金收入"科目明细账账页

其他现金收入 明 细 账

第 2 页	
一 级 科 目	现金收入
二级科目及明细科目	其他现金收入

其他现金收入

2013年		记账凭证		摘 要	借（收）方										贷（付）方										收借或付贷	余 额									
月	日	种类	号数		亿	千	百	十	万	千	百	十	元	角	分	亿	千	百	十	万	千	百	十	元	角	分		亿	千	百	十	万	千	百	十	元	角	分
1	31		16	存款利息收入																				2	5	5	贷									2	5	5
1	31		17	月末结转本年结余									2	5	5																					0	0	0
				本月合计									2	5	5										2	5	5										0	0	0

图 6-38 "其他现金收入"科目明细账账页

生活现金支出 明细账

一级科目	现金支出
二级科目或明细科目	生活现金支出

第 3 页

2013年 月	日	记账凭证 种类	号数	摘要	借(收)方	贷(付)方	收借或付贷	余额
1	5		3	向饭卡充值	60000		借	60000
1	6		4	电话卡充值	5000		借	65000
1	7		5	购买洗化用品	2320		借	67320
1	10		6	购买春装一套	15000		借	82320
1	15		8	刷饭卡招待同学		2000	借	80320
1	31		10	购水果	6250		借	86570
1	31		11	月末饭卡、电话卡节转		4000	借	82570
1	31		18	月末支出结转本年结余		82570		000
				本月合计	88570	88570		000

图 6-39 "生活现金支出"科目明细账账页

学习现金支出 明细账

一级科目	现金支出
二级科目或明细科目	学习现金支出

第 4 页

2013年 月	日	记账凭证 种类	号数	摘要	借(收)方	贷(付)方	收借或付贷	余额
1	12		7	购本子、笔	2300		借	2300
1	31		18	月末结转本年结余		2300		000
				本月合计	2300	2300		000

图 6-40 "学习现金支出"科目明细账账页

发展现金支出 **明 细 账**

一 级 科 目	现金支出
二级科目或明细科目	发展现金支出

第 5 页

2013年		记账凭证		摘 要	借(收)方										贷(付)方										收借或付贷	余 额									
月	日	种类	号数		亿	千	百	十	万	千	百	十	元	角	分	亿	千	百	十	万	千	百	十	元	角	分		亿	千	百	十	万	千	百	十	元	角	分
1	31		13	分摊上年演讲培训费						1	2	5	0	0													借						1	2	5	0	0
1	31		18	月末结转本年结余																	1	2	5	0	0										0	0	0
				本月合计						1	2	5	0	0							1	2	5	0	0										0	0	0

图 6-41 "发展现金支出"科目明细账账页

交往现金支出 **明 细 账**

一 级 科 目	现金支出
二级科目或明细科目	交往现金支出

第 6 页

2013年		记账凭证		摘 要	借(收)方										贷(付)方										收借或付贷	余 额									
月	日	种类	号数		亿	千	百	十	万	千	百	十	元	角	分	亿	千	百	十	万	千	百	十	元	角	分		亿	千	百	十	万	千	百	十	元	角	分
1	15		8	在食堂刷饭卡招待同学							2	0	0	0													借							2	0	0	0
1	31		18	月末结转本年结余																		2	0	0	0										0	0	0
				本月合计							2	0	0	0								2	0	0	0										0	0	0

图 6-42 "交往现金支出"科目明细账账页

学习实物支出　明　细　账

第 7 页

一　级　科　目	实物支出
二级科目或明细科目	学习实物支出

学习实物支出

2013年		记账凭证		摘　　要	借(收)方										贷(付)方										收借或付贷	余　　额									
月	日	种类	号数		亿	千	百	十	万	千	百	十	元	角	分	亿	千	百	十	万	千	百	十	元	角	分		亿	千	百	十	万	千	百	十	元	角	分
1	31		12	电脑计提折旧费							5	5	4	2													借								5	5	4	2
1	31		18	月末结转本年结余																		5	5	4	2											0	0	0
				本月合计							5	5	4	2								5	5	4	2											0	0	0

图 6-43　"学习实物支出"科目明细账账页

应收现金　明　细　账

第 8 页

一　级　科　目	应收款项
二级科目或明细科目	应收现金

应收现金

2013年		记账凭证		摘　　要	借(收)方										贷(付)方										收借或付贷	余　　额									
月	日	种类	号数		亿	千	百	十	万	千	百	十	元	角	分	亿	千	百	十	万	千	百	十	元	角	分		亿	千	百	十	万	千	百	十	元	角	分
1	1			期初余额																							借					5	0	0	0	0		

图 6-44　"应收现金"科目明细账账页

应付现金 明 细 账

	第 9 页
一 级 科 目	应付款项
二级科目或明细科目	应付现金

应付现金

2013年		记账凭证		摘 要	借(收)方											贷(付)方											收借或付贷	余 额										
月	日	种类	号数		亿	千	百	十	万	千	百	十	元	角	分	亿	千	百	十	万	千	百	十	元	角	分		亿	千	百	十	万	千	百	十	元	角	分
1	1			期初余额																							贷					4	0	0	0	0	0

图 6-45 "应付现金"科目明细账账页

投资经营现金收入 明 细 账

	第 10 页
一 级 科 目	投资现金收入
二级科目或明细科目	投资经营现金收入

投资经营现金收入

2013年		记账凭证		摘 要	借(收)方											贷(付)方											收借或付贷	余 额										
月	日	种类	号数		亿	千	百	十	万	千	百	十	元	角	分	亿	千	百	十	万	千	百	十	元	角	分		亿	千	百	十	万	千	百	十	元	角	分
1	31		14	收到打扫餐厅收入																	4	0	0	0	0		贷						4	0	0	0	0
1	31		17	月末收入结转本年收支结余						4	0	0	0	0																						0	0	0
				本月合计						4	0	0	0	0							4	0	0	0	0										0	0	0

图 6-46 "投资经营现金收入"科目明细账账页

投资经营现金支出 **明 细 账**

一 级 科 目	投资经营支出
二级科目或明细科目	投资经营现金支出

第 11 页

2013年		记账凭证		摘　　要	借(收)方											贷(付)方											收借或付贷	余　　额										
月	日	种类	号数		亿	千	百	十	万	千	百	十	元	角	分	亿	千	百	十	万	千	百	十	元	角	分		亿	千	百	十	万	千	百	十	元	角	分
1	31		15	给餐厅同事买礼物						1	1	0	0	0																			1	1	0	0	0
1	31		18	月末结转本年收支结余																	1	1	0	0	0										0	0	0
				本月合计						1	1	0	0	0							1	1	0	0	0										0	0	0

图 6-47　"投资经营现金支出"科目明细账账页

待摊费用 **明 细 账**

一 级 科 目	待摊费用
二级科目或明细科目	培训费

第 12 页

2013年		记账凭证		摘　　要	借(收)方											贷(付)方											收借或付贷	余　　额										
月	日	种类	号数		亿	千	百	十	万	千	百	十	元	角	分	亿	千	百	十	万	千	百	十	元	角	分		亿	千	百	十	万	千	百	十	元	角	分
1	1			期初余额																							借							1	2	5	0	0
1	25		9	预付2-4月演讲培训费						3	7	5	0	0													借							5	0	0	0	0
1	31		13	分摊上年演讲培训费																		1	2	5	0	0	借							3	7	5	0	0
				本月合计						3	7	5	0	0								1	2	5	0	0								3	7	5	0	0

图 6-48　"待摊费用"科目明细账账页

现金 明细账

第 13 页

一级科目	现金结存
二级科目或明细科目	现金

现金

月	日	种类	号数	摘要	借(收)方	贷(付)方	收或付/借或贷	余额
1	1			期初余额			借	390 71
1	5		2	向银行提现金	810 00		借	1200 71
1	5		3	向饭卡充值		600 00	借	600 71
1	6		4	向电话卡充值		50 00	借	550 71
1	7		5	购买洗化用品		23 20	借	527 51
1	10		6	购买春装一套		150 00	借	377 51
1	12		7	购笔、本子		23 00	借	354 51
1	31		10	购水果		62 50	借	292 01
1	31		14	收到打扫餐厅收入	400 00		借	692 01
1	31		15	给餐厅同事礼物		110 00	借	582 01
1	31		16	按现余收入10%存款		40 00	借	542 01
				本月合计	1210 00	1058 70	借	542 01

图 6-49 "现金"科目明细账账页

银行存款(工行) 明细账

第 14 页

一级科目	现金结存
二级科目或明细科目	银行存款(工行)

银行存款

月	日	种类	号数	摘要	借(收)方	贷(付)方	收或付/借或贷	余额
1	1			期初余额			借	2003 51
1	4		1	收到父母打卡款项	900 00		借	2903 51
1	5		2	向银行提现金		810 00	借	2093 51
1	25		9	预付演讲培训3个月费用		375 00	借	1718 51
1	31		16	按现金收入10%存储	40 00		借	1758 51
1	31		16	存款利息收入	2 55		借	1761 06
				本月合计	942 55	1185 00	借	1761 06

图 6-50 "银行存款"科目明细账账页

其他货币资金 **明 细 账**

一级科目	现金结存
二级科目或明细科目	其他货币资金

第 15 页

其他货币资金

2013年		记账凭证		摘 要	借（收）方										贷（付）方										收借或付贷	余 额									
月	日	种类	号数		亿	千	百	十	万	千	百	十	元	角	分	亿	千	百	十	万	千	百	十	元	角	分		亿	千	百	十	万	千	百	十	元	角	分
1	1			期初余额																							借					1	0	6	7	0	0	
1	31		11	月末饭卡、电话卡节余							4	0	0	0													借					1	1	0	7	0	0	
				本月合计							4	0	0	0													借					1	1	0	7	0	0	

图 6-51 "其他货币资金"科目明细账账页

生活高值物品结存 **明 细 账**

一级科目	实物结存
二级科目或明细科目	生活高值物品结存

第 16 页

生活高值物品结存

2013年		记账凭证		摘 要	借（收）方										贷（付）方										收借或付贷	余 额									
月	日	种类	号数		亿	千	百	十	万	千	百	十	元	角	分	亿	千	百	十	万	千	百	十	元	角	分		亿	千	百	十	万	千	百	十	元	角	分
1	1			期初余额																							借					3	5	0	0	0	0	

图 6-52 "生活高值物品结存"科目明细账账页

生活高值物品折旧 **明 细 账**

一级科目	实物结存
二级科目或明细科目	生活高值物品折旧

第 17 页

2013年		记账凭证		摘 要	借(收)方										贷(付)方										收借或付贷	余 额									
月	日	种类	号数		亿	千	百	十	万	千	百	十	元	角	分	亿	千	百	十	万	千	百	十	元	角	分		亿	千	百	十	万	千	百	十	元	角	分
1	1			期初余额																							贷						2	2	1	6	8
1	31		12	电脑计提折旧费																		5	5	4	2	贷						2	7	7	1	0
				本月合计																		5	5	4	2	贷						2	7	7	1	0

图 6-53 "生活高值物品折旧"科目明细账账页

本年收支结余 **明 细 账**

一级科目	累计收支结余
二级科目或明细科目	本年收支结余

第 18 页

2013年		记账凭证		摘 要	借(收)方										贷(付)方										收借或付贷	余 额									
月	日	种类	号数		亿	千	百	十	万	千	百	十	元	角	分	亿	千	百	十	万	千	百	十	元	角	分		亿	千	百	十	万	千	百	十	元	角	分
1	31		17	月末收入结转"本年收支结余"科目																1	3	0	2	5	5	贷					1	3	0	2	5	5
1	31		18	月末支出结转"本年收支结余"科目					1	1	5	9	1	2												贷					1	4	3	4	3
				本月合计					1	1	5	9	1	2					1	3	0	2	5	5	贷					1	4	3	4	3

图 6-54 "本年收支结余"科目明细账账页

以前年度累计结余　明　细　账

一级科目	累计收支结余
二级科目或明细科目	以前年度累计结余

第 19 页

2013年 月 日	记账凭证 种类 号数	摘　要	借（收）方 亿千百十万千百十元角分	贷（付）方 亿千百十万千百十元角分	收借或付贷	余　额 亿千百十万千百十元角分
1　1		期初余额			贷	3 3 6 4 5 4

图 6-55　"以前年度累计结余"科目明细账账页

(五) 编制 1 月份"总账科目汇总表"

一月份的"总账科目汇总表"如表 6-2 所示。

表 6-2　2013 年 1 月份总账科目汇总表

总账科目　　汇　总　表

2013 年 1 月 1 日至 1 月 31 日　总字第　号

科　目	借　方 亿千百十万千百十元角分	贷　方 亿千百十万千百十元角分	总账页次
现金收入	9 0 2 5 5	9 0 2 5 5	√
现金支出	9 9 3 7 0	9 9 3 7 0	√
实物支出	5 5 4 2	5 5 4 2	√
投资经营收入	4 0 0 0 0	4 0 0 0 0	√
投资经营支出	1 1 0 0 0	1 1 0 0 0	√
累计收支结余	1 1 5 9 1 2	1 3 0 2 5 5	√
现金结存	2 1 9 2 5 5	2 2 4 3 7 0	√
实物结存		5 5 4 2	√
待摊费用	3 7 5 0 0	1 2 5 0 0	√
合　　　计	6 1 8 8 3 4	6 1 8 8 3 4	

记账凭证自 1 号至 18 号共 18 张

财会主管　　　　记账　　　　　复核　　　　　制表 舒平

(六) 根据"总账科目汇总表"登记总分类账(见图 6-56～图 6-66)

现金收入

2013年		凭证		摘　　要	日	借　方	贷　方	借或贷	余　额
月	日	种类	号数		页	亿千百十万千百十元角分	亿千百十万千百十元角分		亿千百十万千百十元角分
1	31			按"总账科目汇总表"		90255	90255		000

图 6-56　"现金收入"科目总账账页

现金支出

2013年		凭证		摘　　要	日	借　方	贷　方	借或贷	余　额
月	日	种类	号数		页	亿千百十万千百十元角分	亿千百十万千百十元角分		亿千百十万千百十元角分
1	31			按"总账科目汇总表"		99370	99370		000

图 6-57　"现金支出"科目总账账页

总　账　　　　　　　　3

科目或名称　实物支出

2013年		凭证		摘　　要	日页	借　　方	贷　　方	借或贷	余　　额
月	日	种类	号数			亿千百十万千百十元角分	亿千百十万千百十元角分		亿千百十万千百十元角分
1	31			按"总账科目汇总表"		5 5 4 2	5 5 4 2		0 0 0

图 6-58　"实物支出"科目总账账页

总　账　　　　　　　　4

科目或名称　应收款项

2013年		凭证		摘　　要	日页	借　　方	贷　　方	借或贷	余　　额
月	日	种类	号数			亿千百十万千百十元角分	亿千百十万千百十元角分		亿千百十万千百十元角分
1	1			期初余额				借	5 0 0 0 0

图 6-59　"应收款项"科目总账账页

总　账　　　　5

2013年		凭证		摘　要	日页	借　方	贷　方	借或贷	余　额
月	日	种类	号数			亿千百十万千百十元角分	亿千百十万千百十元角分		亿千百十万千百十元角分
1	1			期初余额				贷	4 0 0 0 0 0

图 6-60　"应付款项"科目总账账页

总　账　　　　6

2013年		凭证		摘　要	日页	借　方	贷　方	借或贷	余　额
月	日	种类	号数			亿千百十万千百十元角分	亿千百十万千百十元角分		亿千百十万千百十元角分
1	1			期初余额				借	1 2 5 0 0
1	31			按"总账科目汇总表"		3 7 5 0 0	1 2 5 0 0	借	3 7 5 0 0

图 6-61　"待摊费用"科目总账账页

科目或名称 投资经营收入				总 账																										7		
2013年		凭证		摘　　要	日页	借　方									贷　方									借或贷	余　额							
月	日	种类	号数			亿	千	百	十	万	千	百	十	元	角	分	亿	千	百	十	万	千	百	十	元	角	分		亿	千	百	十	万	千	百	十	元	角	分
1	31			按"总账科目汇总表"							4	0	0	0	0							4	0	0	0	0											0	0	0

图 6-62　"投资经营收入"科目总账账页

科目或名称 投资经营支出				总 账																										8		
2013年		凭证		摘　　要	日页	借　方									贷　方									借或贷	余　额							
月	日	种类	号数			亿	千	百	十	万	千	百	十	元	角	分	亿	千	百	十	万	千	百	十	元	角	分		亿	千	百	十	万	千	百	十	元	角	分
1	31			按"总账科目汇总表"							1	1	0	0	0							1	1	0	0	0											0	0	0

图 6-63　"投资经营支出"科目总账账页

科目或名称 现金结存

总 账 9

2013年 月	日	凭证 种类	号数	摘 要	日页	借 方 亿千百十万千百十元角分	贷 方 亿千百十万千百十元角分	借或贷	余 额 亿千百十万千百十元角分
1	1			期初余额				借	3 4 6 1 2 2
1	31			按"总账科目汇总表"		2 1 9 2 5 5	2 2 4 3 7 0	借	3 4 1 0 0 7

图 6-64 "现金结存"科目总账账页

科目或名称 实物结存

总 账 10

2013年 月	日	凭证 种类	号数	摘 要	日页	借 方 亿千百十万千百十元角分	贷 方 亿千百十万千百十元角分	借或贷	余 额 亿千百十万千百十元角分
1	1			期初余额				借	3 2 7 8 3 2
1	31			按"总账科目汇总表"			5 5 4 2	借	3 2 2 2 9 0

图 6-65 "实现结存"科目总账账页

科目或名称 累计收支结余	总　账					12 累计收支结余

2013年 月 日	凭证 种类 号数	摘　　要	日页	借　方 亿千百十万千百十元角分	贷　方 亿千百十万千百十元角分	借或贷	余　额 亿千百十万千百十元角分
1　1		期初余额				贷	3 3 6 4 5 4
1　31		按"总账科目汇总表"		1 1 5 9 1 2	1 3 0 2 5 5	贷	3 5 0 7 9 7
		本月合计		1 1 5 9 1 2	1 3 0 2 5 5	贷	3 5 0 7 9 7

图6-66　"累计收支结余"科目总账账页

(七) 进行会计结账工作

在把总账和明细账计算结出本月合计和累计之前，将记账凭证和明细账、明细账和总账的内容进行了核对一致，盘点了现金、银行存款、其他货币资金、生活高值物品、投资经营高值物品的数量和账簿的记录是一致的，然后结出合计数、累计数和余额。

(八) 根据明细账和总分类账编制会计报表

个人会计报表包括：个人收支损益表(见表6-3)、个人资产负债报表(见表6-4)。

表6-3　个人收支损益表

报表日期：2013年1月　　　　　　　　　　　　　　　　　　　　单位：元

项　目　名　称	行次	本月数额	本年累计数额
一、生活资金来源类	1		
1. 现金收入	2	902.55	902.55
其中：父母现金收入	3	900.00	900.00
奖励现金收入	4		
劳动所得现金收入	5		
他人现金收入	6		

(续表)

项 目 名 称	行次	本月数额	本年累计数额
其他现金收入	7	2.55	2.55
2. 实物收入	8		
其中：父母实物收入	9		
奖励实物收入	10		
劳动所得实物收入	11		
他人实物收入	12		
其他实物收入	13		
生活收入合计	14	902.55	902.55
二、生活资金应用类	15		
1. 现金支出	16	993.70	993.70
其中：生活现金支出	17	825.70	825.70
学习现金支出	18	23.00	23.00
发展现金支出	19	125.00	125.00
娱乐现金支出	20		
交往现金支出	21	20.00	20.00
医疗现金支出	22		
其他现金支出	23		
2. 实物支出	24	55.42	55.42
其中：生活实物支出	25		
学习实物支出	26	55.42	55.42
发展实物支出	27		
娱乐实物支出	28		
交往实物支出	29		
医疗实物支出	30		
其他实物支出	31		
生活支出合计	32	1 049.12	1 049.12
生活收支结余	33	−146.57	−146.57
三、投资经营收入	34	400.00	400.00
其中：投资经营现金收入	35	400.00	400.00
投资经营实物收入	36		
投资经营无形资产收入	37		
四、投资经营支出	38	110.00	110.00
其中：投资经营现金支出	39	110.00	110.00

(续表)

项 目 名 称	行次	本月数额	本年累计数额
投资经营实物支出	40		
投资经营无形资产支出	41		
经营收支结余	42	290.00	290.00
五、累计收支结余	43	143.43	143.43
其中：本年收支结余	44	143.43	143.43

表 6-4　个人资产负债表

报表日期：2013 年 1 月 31 日　　　　　　　　　　　　　　　　　　　　　　单位：元

项 目 名 称	行次	本年年初数额	本年期末数额	项 目 名 称	本年年初数额	本年期末数额
个人资产	1			个人负债和净资产		
一、资产结存	2			一、应付款项	4 000.00	4 000.00
1. 现金结存	3	3 461.22	3 410.07	其中：应付现金	4 000.00	4 000.00
其中：现金	4	390.71	542.01	应付实物		
银行存款	5	2 003.51	1 761.06	二、预提费用		
其他货币资金	6	1 067.00	1 107.00	三、累计收支结余		3 507.97
2. 实物结存	7	3 278.32	3 222.90	其中：本年收支结余		143.43
其中：生活高值物品结存	8	3 500.00	3 500.00	以前年度累计结余	3 364.54	3 364.54
减：生活高值物品折旧	9	221.68	277.10			
借入实物	10					
3. 投资经营结存	11					
其中：投资经营高值物品结存	12					
减：投资经营高值物品折旧	13					
投资经营无形资产结存	14					
减：投资经营无形资产摊销	15					
货币资金和实物结存合计	16	6 739.54	6 632.97			
二、应收款项	17	500.00	500.00			
其中：应收现金	18	500.00	500.00			
应收实物	19					
三、待摊费用	20	125.00	375.00			
全部个人资产累计	21	7 364.54	7 507.97	负债和净资产累计	7 364.54	7 507.97

(九) 整理装订本月会计资料

与个人会计月末整理装订会计资料一样,将其装订入档,作为个人的经济资料长期保存。

二、田犁1月份"月会议"的内容

(一) 田犁准备好"1月份目标表",并填写完成情况自评

田犁1月份的目标表如表6-5所示。

表6-5 田犁1月的目标表

编号:田犁月标(2013年)第01号

一、财务月目标				
类别	重要级别	目标内容	方法和措施	月末完成情况自评
工作指标	A	父母现金收入900元	父母保证准时给予	√
	A	经营收入400元	认真劳动	√
	A	生活现金支出900元	按计划支出	√
	A	发展现金支出125元	按计划支出	√
	A	娱乐现金支出60元	按计划支出	×
	A	交往现金支出200元	按计划支出	×
	A	增加储蓄130元	按计划储蓄	√
二、学习和发展月目标				
类别	重要级别	目标内容	方法和措施	月末完成情况自评
工作指标	A	完成每天的专业学习任务,争取拿到三等奖学金	通过①改变学习计划;②放电影学习方法;③晚自习自学和复习的方法实现目标	×
	A	参加四次播音主持训练班	周六上午8:30准时参加	√
	A	每天打扫餐厅卫生	按时、认真工作	√

(续表)

工作指标	A	向校报投两次稿件	必须完成	√
	A	阅读四篇英文报道	周日规定阅读时间	√

三、生活月目标

类别	重要级别	目标内容	方法和措施	月末完成情况自评
工作指标	A	参加班委竞选，给父母打电话	准备演讲稿、每周给父母打电话	√
	B	保持环境整洁、卫生	每天打扫卫生	√
	B	每周锻炼两次	下午打排球	√
	B	不吃垃圾食品，晚餐不过饱	坚持	√
自己本月总结	目标完成情况： 有三项重要的目标未完成			
	未完成原因和障碍： 客观情况变化			
	对策与方法： 继续努力			
	创新和收获：			

（二）田犁准备 2013 年 1 月的会计报表，并与财务目标数据进行对比

会计报表如表 6-6 所示。

表 6-6 个人收支损益表

报表日期：2013 年 1 月 单位：元

项 目 名 称	行次	本月数额	本年累计数额	财务月目标数	实际数额与目标差异
一、生活资金来源类	1				
1. 现金收入	2	902.55	902.55		
其中：父母现金收入	3	900.00	900.00	900.00	0.00
奖励现金收入	4				
劳动所得现金收入	5				
他人现金收入	6				

(续表)

项 目 名 称	行次	本月数额	本年累计数额	财务月目标数	实际数额与目标差异
其他现金收入	7	2.55	2.55	不考核	
2. 实物收入	8				
其中：父母实物收入	9				
奖励实物收入	10				
劳动所得实物收入	11				
他人实物收入	12				
其他实物收入	13				
生活收入合计	14	902.55	902.55		
二、生活资金应用类：	15				
1. 现金支出	16	993.70	993.70		
其中：生活现金支出	17	825.70	825.70	900.00	-74.30
学习现金支出	18	23.00	23.00	0.00	23.00
发展现金支出	19	125.00	125.00	125.00	0.00
娱乐现金支出	20			60.00	-60.00
交往现金支出	21	20.00	20.00	200.00	-180.00
医疗现金支出	22			0.00	0.00
其他现金支出	23			0.00	0.00
2. 实物支出	24	55.42	55.42	55.42	0.00
其中：生活实物支出	25			0.00	0.00
学习实物支出	26	55.42	55.42	55.42	0.00
发展实物支出	27			0.00	0.00
娱乐实物支出	28			0.00	0.00
交往实物支出	29			0.00	0.00
医疗实物支出	30			0.00	0.00
其他实物支出	31			0.00	0.00
生活支出合计	32	1 049.12	1 049.12		
生活收支结余	33	-146.57	-146.57		
三、投资经营收入	34	400.00	400.00		
其中：投资经营现金收入	35	400.00	400.00	400.00	0.00

（续表）

项 目 名 称	行次	本月数额	本年累计数额	财务月目标数	实际数额与目标差异
投资经营实物收入	36				
投资经营无形资产收入	37				
四、投资经营支出	38	110.00	110.00		
其中：投资经营现金支出	39	110.00	110.00	0.00	110.00
投资经营实物支出	40				
投资经营无形资产支出	41				
经营收支结余	42	290.00	290.00		
五、累计收支结余	43	143.43	143.43		
其中：本年收支结余	44	143.43	143.43		

（三）田犁2013年1月份"月会议"的主要内容

田犁2013年1月份的"月会议"纪要内容如表6-7所示。

表6-7　田犁月会议纪要

编号：会议纪要(2013年)第05号

会议时间：2013年2月3日

会议地点：图书馆

会议性质：一月份月会议

参加人员：田犁

会议主持人：田犁

会议的内容：

一、田犁讲话内容

今天是首次召开"月会议"，上面三周的周会议开得很好，感觉"个人组织会议"给我带来了很多好处，具体如下：

1. 生活有了目标和动力，有条不紊，感觉生活更有意义了。

2. 每周在会议中总结、鞭策自己，整理自己的思绪和心态。

3. 召开会议能定期检查自己的行为，定期与内心对话，促使自己不断进步，对完成个人发展目标具有很大的促进保障作用。

4. 学会财务记账、财务管理的技能，也继续学习、实践目标管理和组织管理的技能。

二、月目标实现情况分析

根据上表对比分析，1 月份的部分指标没有完成，未完成的内容和原因如下：

(一) 资金支出目标分析

1. 生活现金支出实际数额 825.7 元，月目标为 900 元，比月目标节约了 74.3 元。结余的原因是生活中注意适当节俭。

2. 学习现金支出实际数额 23 元，月目标为 0 元，比月目标超支了 23 元。未完成的原因是制定月目标时不够合理，没有考虑到习支出的项目金额。

3. 娱乐现金支出，实际没有发生。月目标为 60 元，比月目标节约了 60 元。节约原因是本月竞选班委等工作较忙，没有时间出去玩。

4. 交往现金支出，实际发生 20 元，月目标为 200 元，比月目标节约了 180 元。结余原因是本月应该去看望老师，但因为老师没有时间未能实现，所以节省了支出。

5. 经营支出现金 110 元，月目标为 0 元，比月目标超支了 110 元。因为餐厅同事过生日，所以赠送礼物，这是在制定 1 月份月目标时没有预料到的。

汇总本月财务目标的总体情况，一共节约了 181.30 元。

(二) 其他目标情况

对于专业学习的目标，没有完成"完成每天的专业学习任务，争取拿到奖学金"的要求。本月的专业学习任务完成较好，但没能争取到三等奖学金。还不够优秀，还需继续努力。

三、根据"按月考核的项目的奖惩管理"规定进行奖惩

1. 对于专业学习的目标，没有完成，扣 2 分，扣罚资金 25.70 元。

2. 学习现金支出超支，原因属于预算失误，一个月应该会发生学习支出，这次超支可以免责。

3. 全部支出节约 181.3 元，按 30%的比例进行奖励，奖励 54.39 元。扣除罚款 25.70 元，净奖励资金是 28.69 元。

四、安排下月的目标任务

(一) 制定下月财务目标

财务收入、支出、存储指标的制定，根据年目标平均数额，考虑 2 月份要放寒假、过春节等情况进行制定。

(二) 制定下月发展目标

根据年目标平均数额，考虑 2 月份要放寒假、过春节等情况进行制定。可以利用放假时间，自学一些东西，或者参加一些社会义工劳动等。

(三) 制定下月生活目标

根据年目标平均数额，考虑 2 月份要放寒假、过春节等情况进行制定。2 月份很多时间是在家里，制定 2 月份的生活指标时，最好增加学习、做家务以及多陪父母聊天等任务。

五、对本月总体情况的总结

1. 总的来说，一月份的目标实现良好，收入目标全部完成；支出目标总体结余 181.30 元，成绩很大；储蓄目标完成。虽然三等奖学金的目标没能实现，但是竞选班委委员获得成功。其他目标全部实现，所以 1 月过得很充实，值得庆贺。

2. 存在的不足是在制定每月目标时，尽量把各种因素考虑细致，使所制定的目标更加合理。

六、关于生活的意见

1. 尽量多吃水果、每天早晨坚持空腹喝一杯温开水。

2. 注意脾气急躁的问题，使自己更加平和、稳健。

3. 注意衣饰的文化品位和特色。

七、其他事项

1. 从银行储蓄卡里提取奖励资金 28.69 元，奖励自己。

2. 虽然资金由自己管理，但是在没有计划、奖励规定及十分必要的情况下，不可以随意支取；用于储蓄和"预算基金"的资金，不符合规定用途，不可以随意动用；个人经过合理途径形成的"小金库"资金，可以随意支配。

参会人员签字：田犁

会议内容记录人：田犁

会议结束时间：2013 年 2 月 3 日

(四) 会议资料存档

将"月目标表""会议纪要""本月会计报表"等资料进行整理装订，存入个人档案。

第七章 "年会议"的内容

本章内容主要讲述关于"年会议"的内容，召开"年会议"的主要目的和要求，通过年会议，分析、总结 2013 年全年目标的完成情况，制定 2014 年的个人管理目标，并举办执行 2014 年个人管理目标的启动仪式。

一、个人"年会议"的重要作用

(1) 总结本年度的所有工作、学习、生活等情况。

(2) 在今年情况的基础上，制定下年度的个人管理目标。

(3) 安排和展望明年的其他事项。

二、个人"年会议"的内容

(1) 考核本年度"年目标表"的执行情况。

(2) 公开进行年目标完成结果的奖惩。

(3) 研究本年度的财务数据，分析未来面临的情况，编制下年度财务预算指标。

(4) 制定下一年度个人管理目标。

(5) 调整下一年度目标完成奖惩办法。

(6) 将年度目标分解成月目标、周目标、日目标。

(7) 启动下一年的个人目标管理工作的开展。

(8) 其他需要研究的事项。

三、个人"年会议"的准备工作

召开年度会议前，要做如下准备工作：

(1) 提交填写完整的"年度目标表"；

(2) 准备好本年年底的个人收支损益表和资产负债表；

(3) 了解下一年物价等国家政策，以及其他经济形势；

(4) 思考个人今年的发展现状，确定明年的发展方向和目标。

四、个人"年会议"的具体内容

(一) 提报个人会计报表，并填写年度财务目标数额

经过 2013 年一年的个人财务的记账工作，田犁编制出 2013 年 12 月 31 日的会计报表(见表 7-1、表 7-2)。

表 7-1　个人收支损益表

报表日期：2013 年 12 月　　　　　　　　　　　　　　　　　　　　单位：元

项 目 名 称	行次	本月数额	2013 年度实际数额	2013 年度目标数额	实际与目标差异	差异原因分析(只对硬指标分析)
一、生活资金来源类	1					
1. 现金收入	2	1 200.00	11 212.10	11 610.00	−397.90	
其中：父母现金收入	3	900.00	10 800.00	10 800.00		
奖励现金收入	4	300.00	400.00	800.00	−400.00	没有赢得三等奖学金800 元，但是收到父母和姐姐的奖励资金400 元
劳动所得现金收入	5					
他人现金收入	6					
其他现金收入	7		12.10	10.00	2.10	

(续表)

项 目 名 称	行次	本月数额	2013年度实际数额	2013年度目标数额	实际与目标差异	差异原因分析(只对硬指标分析)
2. 实物收入	8		320.00	500.00	−180.00	
其中：父母实物收入	9		280.00	300.00	−20.00	
奖励实物收入	10					
劳动所得实物收入	11					
他人实物收入	12		40.00	200.00	−160.00	
其他实物收入	13					
生活收入合计	14	1 200.00	11 532.10	12 110.00	−577.90	
二、生活资金应用类	15					
1. 现金支出	16	1 117.67	15 271.95	15 003.55	268.40	
其中：生活现金支出	17	812.67	7 702.45	7 811.69	−109.24	生活节约了资金
学习现金支出	18		4 248.00	4 362.00	−114.00	学习节约了资金
发展现金支出	19	125.00	2 500.00	2 020.00	480.00	超支的原因是参加了"演讲团"
娱乐现金支出	20	121.00	432.50	519.86	−87.36	节约了资金
交往支出现金	21	59.00	389.00	290.00	99.00	超支了,因同学来往频繁
医疗现金支出	22					
其他现金支出	23					
2. 实物支出	24	55.42	985.04	1 165.04	−180.00	
其中：生活实物支出	25		320.00	500.00	−180.00	
学习实物支出	26	55.42	665.04	665.04		
发展实物支出	27					
娱乐实物支出	28					
交往实物支出	29					
医疗实物支出	30					

(续表)

项　目　名　称	行次	本月数额	2013年度实际数额	2013年度目标数额	实际与目标差异	差异原因分析(只对硬指标分析)
其他实物支出	31					
生活支出合计	32	1 173.09	16 256.99	16 168.59	88.40	
生活收支结余	33	26.91	-4 724.89	-4 058.59	-666.30	
三、投资经营收入	34	300.00	3 600.00	3 600.00		
其中：投资经营现金收入	35	300.00	3 600.00	3 600.00		
投资经营实物收入	36					
投资经营无形资产收入	37					
四、投资经营支出	38		360.00	500.00		
其中：投资经营现金支出	39		360.00	500.00	-140.00	节约了资金
投资经营实物支出	40					
投资经营无形资产支出	41					
经营收支结余	42	300.00	3 240.00	3 100.00		
五、累计收支结余	43	326.91	-1 484.89	-958.59	-526.30	
其中：本年收支结余	44	326.91	-1 484.89	-958.59	-526.30	

表7-2　个人资产负债表

报表日期：2013 年 12 月 31 日　　　　　　　　　　　　　　　　　单位：元

项　目　名　称	行次	期初数	期末数(本年实际数)	项　目　名　称	期初数	期末数(本年实际数)
个人资产	1			个人负债和净资产		
一、资产结存	2			一、应付款项	4 000.00	4 000.00
1. 现金结存	3	3 461.22	2 766.37	其中：应付现金	4 000.00	4 000.00

(续表)

项目名称	行次	期初数	期末数(本年实际数)	项目名称	期初数	期末数(本年实际数)
其中：现金	4	390.71	418.31	应付实物		
银行存款	5	2 003.51	1 495.61	二、预提费用		
其他货币资金	6	1 067.00	852.45	三、累计收支结余		
2. 实物结存	7	3 278.32	2 613.28	其中：本年收支结余		-1 484.89
其中：生活高值物品结存	8	3 500.00	3 500.00	以前年度累计结余	3 364.54	3 364.54
减：生活高值物品折旧	9	221.68	886.72			
借入实物	10					
3. 投资经营结存	11					
其中：投资经营高值物品结存	12					
减：投资经营高值物品折旧	13					
投资经营无形资产结存	14					
减：投资经营无形资产摊销	15					
货币资金和实物结存合计	16	6 739.54	5 379.65			
二、应收款项	17	500.00	500.00			
其中：应收现金	18	500.00	500.00			
应收实物	19					
三、待摊费用	20	125.00				
全部个人资产累计	21	7 364.54	5 879.65	负债和净资产累计	7 364.54	5 879.65

考核"现金结存"数的实质，就是考核按所有现金收入的10%的比例进行储蓄存款，本年完成了存款的目标任务。

（二）提报"年度目标表"

田犁提报了自己的"个人年度目标表"，并做出完成情况的评价(见表7-3)。

表7-3　田犁个人年度目标表

编号：田犁年标(2013年)第01号　　　　　　　　　　　　　　　　单位：元

一、个人财务年度目标				
序号	目标内容	年度总目标额	实际情况	实际数与目标差异	分析差异原因
1	父母现金收入	10 800.00	10 800.00	0.00	
2	奖金现金收入	800.00	400.00	−400.00	没有赢得三等奖学金800元，但是收到父母和姐姐的奖励资金400元
3	经营现金收入	3 600.00	3 600.00	0.00	
4	生活现金支出	7 811.69	7 702.45	−109.24	生活节约了资金
5	学习现金支出	4 362.00	4 248.00	−114.00	学习节约了资金
6	发展现金支出	2 020.00	2 500.00	480.00	超支的原因是参加了"青春演讲团"
7	娱乐现金支出	519.86	432.50	−87.36	节约了资金
8	交往现金支出	290.00	389.00	99.00	超支了，因与同学来往频繁
9	医疗现金支出	0.00	0.00	0.00	
10	其他现金支出	0.00	0.00	0.00	
11	经营现金支出	500.00	360.00	−140.00	节约了资金
12	现金结存	3 292.67	按10%储蓄完成1 480.00元		
13	财务目标管理说明： 1. 财务目标分解成月目标，并按月考核，对考核结果只做记录进行公示，以提醒尽量按月平均数据完成任务，但不进行奖罚，以年底最终完成情况为准进行经济奖惩。 2. 在执行过程中，考核指标和考核办法因特殊情况需要调整的，可以根据实际情况进行适当调整，并书面记录调整原因和结果。				
二、个人学习和发展年度目标				
序号	目标内容	年度总目标要求	完成情况	评价
14	专业学习目标	班级前五名，三等奖学金	未获得奖学金	不够优秀

(续表)

15	特长学习目标	每周六上午参加校外训练班	完成	较好
16	精神文明发展目标	每两周向校报投稿一次	完成	较好
17	劳动目标	按时到餐厅打扫卫生	完成	较好
18	英语学习目标	每周阅读一篇英文报道	完成	较好

三、个人生活年度目标

序号	目标内容	年度总目标要求	完成情况	评 价
19	人际关系目标	多认识朋友；每周给父母打一个电话；多参加团体、聚会	完成	较好
20	生活清洁目标	生活环境保持整洁，每周至少洗一次衣服，每周至少洗一次澡	完成	较好
21	锻炼保健目标	每周锻炼两次，包括打球、散步、爬山等各种运动	完成	较好
22	饮食文化目标	不吃垃圾食品，晚餐不过饱	还可以	较好
23	创建个人风格目标	营造自己独特的气质	进步中	需要长期提升艺术修养
24	物质生活目标	保证生活的基本舒适	完成	较好
25	精神生活目标	参加社会义工活动	完成	较好

(三) 2013 年度会议的"会议纪要"内容

田犁 2013 年的个人"年会议"内容如下：

1. 评定目标完成情况，并决定奖罚金额

根据"田犁个人年度目标表"，对目标的实现情况总结如下：

(1) 专业学习目标未完全完成，应该进行扣罚

实现了成绩班级前五名的目标，但是没有赢得奖学金，扣 2 分，扣发资金 20 元。

(2) 收入目标未完成，应进行扣罚

收入目标差 400 元完成，按 10%罚款，扣罚 40 元。

(3) 口头表扬奖

发展现金支出超支 480 元，是用于"青春演讲团"学习的报名费。努力学习提升自身素质是值得鼓励的，所以这一项免责，而且是值得表扬的行为。

(4) 节约奖

全部现金支出，除了发展现金支出外，总节约资金 351.60(109.24＋114＋87.36＋140－99)元，根据制定的奖惩规定，按30%进行奖励，奖励105.48元。扣除上述罚款数额，净奖金额为45.48(105.48－20－40)元。

(5) 年终奖

2013年度的目标除了没有评上三等奖学金外，其余目标实现良好，根据规定年终奖总额为200元，在此决定奖励150元。

(6) 父母的奖励

2013年度的目标除了没有评上三等奖学金外，其余目标实现良好，父母为了鼓励田犁再接再厉，决定给予现金奖励200元。

2. 编制 2014 年度个人财务预算目标

编制2014年的财务预算，也就是制定2014年个人财务目标。要制定2014年的财务预算数，首先要分析2014年的个人情况和面临的社会经济形势等因素。

1) 分析预测 2014 年面临的情况

2014年田犁对所面临的情况进行了分析，并确定影响预算数据的情况如下：

(1) 2014年父母每月给予的生活费为900元不变。

(2) 2014年打扫餐厅收入要停止。

(3) 2014年按现金收入的10%的比例进行储蓄的计划不变。

(4) 2014年计划生活现金支出总额要增加。

(5) 2014年学习现金支出总额不变。

(6) 2014年对发展现金支出总额，要根据需要适当增加支出。由于去年参加了"青春演讲团"，有机会出去演出，会有些表演收入。

(7) 2014年交往和娱乐现金支出减少。

(8) 支出各项目的数额，受货币贬值因素的影响忽略不计。

(9) 其他现金来源和实物收入不稳定、不确切，可以参照历史数据确定。

(10) 借姐姐的4 000元钱不计划归还。

2) 对 2013 年会计报表数据进行分析、评价、调整

分析、评价2013年会计报表数据的合理性，调整不合理的项目数额，在此基础上预测2014年的会计报表数据金额，作为编制2014年个人财务预算指标的基础数据。

(1) 对收入类项目的分析

① 父母现金收入

2013年"父母现金收入"为10 800元。预计2014年该项收入没有变化，所以

2014 年"父母现金收入"预算数额为 10 800 元。

② 奖励现金收入

2013 年"奖励现金收入"为 400 元，主要是参加活动所得奖励。由于 2014 年想将精力多放在演讲方面，没有太多时间参加活动，所以 2014 年"奖励现金收入"预算数额为零。

③ 劳动所得现金收入

2013 年"劳动所得现金收入"为 0 元。2014 年由于参加"青春演讲团"的演出，会有部分补贴收入，所以 2014 年"劳动所得现金收入"预算数额为 5 400 元。

④ 他人现金收入

2013 年"他人现金收入"为 0 元。2014 年也不太可能有变化，所以 2014 年"他人现金收入"预算数额为 0 元。

⑤ 其他现金收入

2013 年"其他现金收入"为 12.1 元。2014 年预计大约为 15 元，是银行存款利息，所以 2014 年"其他现金收入"预算数额为 15 元。

⑥ 父母实物收入

2013 年"父母实物收入"为 320 元。预计 2014 年"父母实物收入"不会有大的变化，所以预算数额为 320 元，相应的"生活实物支出"预算数也为 320 元。

⑦ 其他的实物收入

除了"父母实物收入"外，对其他的实物收入的预测，2014 年预算数额皆为 0 元。

⑧ 投资经营现金收入与投资经营现金支出

2013 年"投资经营现金收入"为 3 600 元。2014 年因参加"青春演讲团"，有时要外出演出，所以不能再做餐厅清扫工作，所以 2014 年"投资经营现金收入"预算数额为 0 元，同时"投资经营现金支出"预算数额也为 0 元。

(2) 对支出类项目的分析

① 生活现金支出

2013 年"生活现金支出"为 7 702.45 元。2014 年由于出去演出，演讲团负责食宿，生活费会有所降低，但是购买衣饰花费要增多，所以 2014 年"生活现金支出"预算数额为 9 000 元。

② 学习现金支出

2013 年"学习现金支出"为 4 248 元。2014 年"生活现金支出"预算数额仍为 4 248 元。

③ 发展现金支出

2013 年"发展现金支出"为 2 500 元。2014 年"发展现金支出"预算数额仍为 2 500 元。

④ 娱乐现金支出

2013 年"娱乐现金支出"为 432.5 元。2014 年计划减少娱乐，"娱乐现金支出"预算数额为 300 元。

⑤ 交往现金支出

2013 年"交往现金支出"为 389 元。2014 年计划减少交往支出，将更多的时间用于学习和演出，所以"交往现金支出"预算数额为 200 元。

⑥ 医疗现金支出

2013 年"医疗现金支出"为 0 元。因忙碌和出差容易感冒上火，2014 年"医疗现金支出"预算数额为 150 元。

(3) 对结存类项目的分析

① 现金结存

2014 年与 2013 年相同，每月按现金收入额的 10%的比例进行储蓄存款。

② 实物结存

电脑一年的使用折旧是 665.04 元，所以 2014 年"发展实物支出"和"生活高值物品折旧"预算数额均为 665.04 元。

(4) 其他项目的预测

① 应收现金

2013 年"应收现金"为 500 元。因为是学校押金不可收回，所以 2014 年"应收现金"预算数额为 500 元。

② 应付现金

2013 年"应付现金"为 4 000 元。借姐姐的钱计划工作后归还，所以 2014 年"应付现金"预算数额为 4 000 元。

3) 编制 2014 年"预算收支损益表"和"预算资产负债表"。

(1) 编制 2014 年财务预算目标如下(见表 7-4)。

表7-4 2014年预算个人收支损益表

报表日期：2014年12月   单位：元

项目名称	行次	2013年度实际数	2014年度预算数	2014年度财务目标	预算内容说明
一、生活资金来源类	1				
1. 现金收入	2	11 212.10	16 215.00	16 215.00	
其中：父母现金收入	3	10 800.00	10 800.00	10 800.00	父母给的生活费
奖励现金收入	4	400.00	0.00	0.00	
劳动所得现金收入	5		5 400.00	5 400.00	演讲演出补助费
他人现金收入	6		0.00	0.00	
其他现金收入	7	12.10	15.00	15.00	存款利息
2. 实物收入	8	320.00	320.00	320.00	父母给的生活实物
其中：父母实物收入	9	280.00	320.00	320.00	父母给的生活实物
奖励实物收入	10		0.00	0.00	
劳动所得实物收入	11		0.00	0.00	
他人实物收入	12	40.00	0.00	0.00	
其他实物收入	13		0.00	0.00	
生活收入合计	14	11 532.10	16 535.00	16 535.00	
二、生活资金应用类	15				
1. 现金支出	16	15 271.95	16 398.00	16 398.00	
其中：生活现金支出	17	7 702.45	9 000.00	9 000.00	
学习现金支出	18	4 248.00	4 248.00	4 248.00	
发展现金支出	19	2 500.00	2 500.00	2 500.00	
娱乐现金支出	20	432.50	300.00	300.00	
交往现金支出	21	389.00	200.00	200.00	
医疗现金支出	22	0.00	150.00	150.00	
其他现金支出	23		0.00	0.00	
2. 实物支出	24	985.04	985.04	985.04	
其中：生活实物支出	25	320.00	320.00	320.00	父母给的生活实物
学习实物支出	26	665.04	665.04	665.04	电脑折旧费
发展实物支出	27				

（续表）

项 目 名 称	行次	2013年度实际数	2014年度预算数	2014年度财务目标	预算内容说明
娱乐实物支出	28				
交往实物支出	29				
医疗实物支出	30				
其他实物支出	31				
生活支出合计	32	16 256.99	17 383.04	17 383.04	
生活收支结余	33	-4 724.89			
三、投资经营收入	34	3 600.00			
其中：投资经营现金收入	35	3 600.00	0.00	0.00	
投资经营实物收入	36				
投资经营无形资产收入	37				
四、投资经营支出	38	360.00			
其中：投资经营现金支出	39	360.00			
投资经营实物支出	40				
投资经营无形资产支出	41				
投资经营收支结余	42	3 240.00	-848.04	-848.04	
五、累计收支结余	43	-1 484.89	-848.04	-848.04	
其中：本年收支结余	44	-1 484.89	-848.04	-848.04	

(2) 编制2014年个人预算资产负债表(见表7-5)

表7-5 预算个人资产负债表

报表日期：2014年12月31日　　　　　　　　　　　　　单位：元

项 目 名 称	行次	期初数	2014年期末预算数	项 目 名 称	期初数	2014年期末预算数
个人资产	1			个人负债和净资产		
一、资产结存	2			一、应付款项	4 000.00	4 000.00

(续表)

项 目 名 称	行次	期初数	2014年期末预算数	项 目 名 称	期初数	2014年期末预算数
1. 现金结存	3	2 766.37	2 583.37	其中:应付现金	4 000.00	4 000.00
其中:现金	4	418.31	450.31	应付实物		
银行存款	5	1 495.61	2 130.61	二、预提费用		
其他货币资金	6	852.45	2.45	三、累计收支结余	1 879.65	1 031.61
2. 实物结存	7	2 613.28	1 948.24	其中:本年收支结余	-1 484.89	-848.04
其中:生活高值物品结存	8	3 500.00	3 500.00	以前年度累计结余	3 364.54	1 879.65
减:生活高值物品折旧	9	886.72	1 551.76			
借入实物	10					
3. 投资经营结存	11					
其中:投资经营高值物品结存	12					
减:投资经营高值物品折旧	13					
投资经营无形资产结存	14					
减:投资经营无形资产摊销	15					
货币资金和实物结存合计	16	5 379.65	4 531.61			
二、应收款项	17	500.00	500.00			
其中:应收现金	18	500.00	500.00			
应收实物	19					
三、待摊费用	20					
全部个人资产累计	21	5 879.65	5 031.61	负债和净资产累计	5 879.65	5 031.61

4) 制定 2014 年度的目标表

根据以前年度的数据和 2014 年度的目标，田犁编制了个人 2014 年度的目标表（见表 7-6）。

表 7-6　田犁个人 2014 年度目标表

编号：田犁年标(2014 年)第 01 号

单位：元

一、个人财务年度目标						
序号	目标内容	年度总目标额	月平均数额(按 9 个月平均)	落实方案和措施	目标起止期间	考核方式
1	父母现金收入	10 800.00	1 200.00	父母承诺按月给予生活费用	2014.1.1—2014.12.31	按年考核奖惩
2	劳动所得现金收入	5 400.00	600	积极参加演讲演出	2014.1.1—2014.12.31	按年考核奖惩
3	生活现金支出	9 000.00	1 000.00	尽量在餐厅吃饭；注意着装但是支出不可超过预算数额	2014.1.1—2014.12.31	按年考核奖惩
4	学习现金支出	4 248.00	472.00	学校固定费用，一般比较稳定	2014.1.1—2014.12.31	按年考核奖惩
5	发展现金支出	2 500.00	277.78	发展支出目标预算费用较宽裕，注意切实用于发展上	2014.1.1—2014.12.31	按年考核奖惩
6	娱乐现金支出	300.00	33.33	适当娱乐，但是控制不可超支	2014.1.1—2014.12.31	按年考核奖惩
7	交往现金支出	200.00	22.22	同学等交往支出，要控制不可超支	2014.1.1—2014.12.31	按月考核奖惩
8	医疗现金支出	150.00	16.67	锻炼、喝水、按时作息，保持心平气和	2014.1.1—2014.12.31	按年考核奖惩
9	其他现金支出	0.00	0.00	避免罚款的产生	2014.1.1—2014.12.31	按年考核奖惩

(续表)

10	储蓄任务	1 620.00	180.00	按每次现金收入的10%进行储蓄存款	2014.1.1—2014.12.31	按年考核奖惩
11	财务目标管理说明： 1. 财务目标分解成月目标，并按月考核，对考核结果只做记录进行公示，以提醒尽量按月平均数据完成任务，但不进行奖罚，以年底最终完成情况为准进行经济奖惩。 2. 在执行过程中，考核指标和考核办法因特殊情况需要调整的，可以根据实际情况进行适当调整，并书面记录调整原因和结果。					

二、个人学习和发展年度目标

序号	目标内容	年度总目标要求	落实方案和措施	目标起止期间	考核方式
12	专业学习目标	学习成绩保持班级前五名	通过①制定学习计划；②放电影学习方法；③晚自习自学和复习的方法实现目标	2014.1.1—2014.12.31	按年考核
13	积极参加演讲演出	遵从"青春演讲团"的安排	遵从"青春演讲团"的安排	2014.1.1—2014.12.31	按年考核
14	精神文明发展目标	每两周向校报投稿一次	每隔一周向校报投稿一次	2014.1.1—2014.12.31	按月考核
15	英语学习目标	每周阅读一篇英文报道	每周日阅读英文报道一篇	2014.1.1—2014.12.31	按周考核

三、个人生活年度目标

序号	目标内容	年度总目标要求	落实方案和措施	目标起止期间	考核方式
16	人际关系目标	每周给父母打一个电话；和老师、同学处理好关系	细心、礼貌、热心助人	2014.1.1—2014.12.31	按年考核

(续表)

17	生活清洁目标	生活环境保持整洁，每周至少洗一次衣服，每周至少洗一次澡	注意坚持	2014.1.1—2014.12.31	按月考核
18	锻炼保健目标	每周锻炼两次	注意坚持	2014.1.1—2014.12.31	按月考核
19	饮食文化目标	不吃垃圾食品，晚餐不吃得过饱	注意坚持	2014.1.1—2014.12.31	按月考核
20	创建个人风格目标	塑造自己独特的气质	注意学习和观察	2014.1.1—2014.12.31	按年考核
21	物质生活目标	保证生活的基本舒适	注意坚持	2014.1.1—2014.12.31	按月考核

田犁将上述内容整理成会议纪要，并将会议纪要、会计报表、年度目标表等会议资料一并存入个人档案。

3. 启动 2014 年目标任务

(1) 田犁为自己发放了 2013 年所得到的奖金，纳入个人的"小金库"。

(2) 田犁对未来充满了信心，在 2013 年经验的基础上，继续对 2014 年的目标进行管理，相信这样会使自己越来越好。

一个人对自我的管理就这样一年又一年，周而复始地运转，在不知不觉中成为一个高素质的人才。

看完了本书，你会发现管理好自己的生活是如此简单！